Heidelberger Taschenbücher Band 11

Experimentelle Methoden der Kernphysik

P. Stoll

Mit 79 Abbildungen

Springer-Verlag Berlin Heidelberg New York 1966

Alle Rechte, insbesondere das der Übersetzung in fremde Sprachen, vorbehalten. Ohne ausdrückliche Genehmigung des Verlages ist es auch nicht gestattet, dieses Buch oder Teile daraus auf photomechanischem Wege (Photokopie, Mikrokopie) zu vervielfältigen. © by Springer-Verlag Berlin · Heidelberg 1966.

ISBN- 13: 978-3-540-03560-2   e-ISBN- 13: 978-3-642-94961-6
DOI: 10.1007/ 978-3-642-94961-6

*Meinem verehrten Lehrer
Professor Dr. Paul Scherrer
in dankbarer Erinnerung*

Vorwort

Die experimentellen Methoden der Kernphysik entwickeln sich zur Zeit mit ungeheurer Geschwindigkeit und umfassen ein weites Gebiet, dessen geschlossene Darstellung den Rahmen dieses Vorhabens weit sprengen würde.

Die sich aufdrängende Beschränkung liegt darin, daß nur die experimentellen Methoden der sog. „niederenergetischen Kernphysik" in einer Auswahl behandelt werden, wobei der Schwerpunkt auf den eigentlichen Nachweismitteln von Quanten und Partikeln liegt.

In meiner über acht Jahre gehaltenen Vorlesung über dieses Arbeitsgebiet an der Eidg. Techn. Hochschule in Zürich ist mir aufgefallen, daß die Studierenden, obschon einige hervorragende Monographien in Einzeldarstellung existieren, vorerst sehr mühevoll ihr Wissen aus Originalarbeiten zusammensuchen mußten. Für einen Physiker, der sich täglich damit beschäftigt, wird das immer noch der richtige und exakte Weg sein.

Für die Mehrzahl der allgemein interessierten Physiker und Naturwissenschaftler, und vor allem für alle Mitbenützer der kernphysikalischen Technik im Laboratorium ist diese knappe Darstellung als Hilfsmittel gedacht. Die ausführlichen Literaturzitate erlauben es auch in jedem Falle, tiefer in die Materie einzudringen.

Neben dem beinahe klassischen Wissensgut wird man auch aktuelle Aspekte, wie eine Einführung in die Technik der Halbleiterzähler oder einen Ausblick über die Blasenkammer finden, die als eines der wichtigsten Instrumente der Hochenergiephysik nach der strengen Auswahl überhaupt nicht behandelt werden sollten.

Dieser Tendenz zur Aktualität wurde trotz der Einteilungsschwierigkeiten eifrig nachgelebt, um das zur Zeit stürmisch anhaltende Vorwärtsdringen der kernphysikalischen Meßtechnik zu dokumentieren.

Frl. M. ETTER und Herrn W. SCHÄUBLIN bin ich für die Ausarbeitung des Manuskriptes zu Dank verpflichtet.

Dem Springer-Verlag danke ich für das Verständnis und die Mitarbeit bei der Gestaltung des Buches.

Frankfurt/Main, 15. Juli 1965　　　　　　　　　　　　　　　P. STOLL

Inhaltsverzeichnis

I. Einheiten der radioaktiven Strahlungsmessung und Dosimetrie mit experimentellen Daten 1

I.1. Strahlungseinheiten, radioaktive Mengeneinheit, Aktivität einer Quelle 1

I.2. Dosiseinheiten 2
I.2.1. Definitionen 2
I.2.2. Dosisleistungen von γ-Strahlern 7
I.2.3. Dosisleistungen von Neutronen 9
I.2.4. Dosisleistungen von β-Strahlern 10

I.3. Abschirmprobleme bei γ-Strahlern und Neutronen 11
I.3.1. Toleranzdosis und Toleranzströme 11
I.3.2. Abschirmmaßnahmen gegen γ-Strahlen 12
I.3.3. Abschirmmaßnahmen gegen Neutronen 16

Literatur 18

II. Detektoren zum Nachweis und für die Spektroskopie der Kernstrahlung 19

Einleitung 19

II.1. Der Ionisationsprozeß 21
II.1.1. Primäre Ionisation 21
II.1.2. Reichweite — Energie — Kurven 24
II.1.3. Sekundäre Ionisationseffekte 25
II.1.4. Totale Ionisation in Abhängigkeit von der Energie 26

II.2. Elektronische Zähler und Meßgeräte 27
II.2.1. Ionisations-Effekte in gasgefüllten Zählrohren und Kammern . . 27
II.2.2. Ionenbeweglichkeiten 27
II.2.3. Elektronenbeweglichkeiten 28
II.2.4. Elektronen-Anlagerung 29
II.2.5. Rekombination von Ionen und Elektronen 31
II.2.6. Die elektrostatische Impulsbildung bei Ionisationskammern und -Zählern 32

II.3. Technische Gestaltung und experimenteller Einsatz gasgefüllter Detektoren für ionisierende Teilchen 43
II.3.1. Ionisationskammer 43
II.3.2. Ausbildung und Probleme der integriert messenden Ionisationskammer („Strom-Kammer") 43
II.3.3. „Schnelle" Impuls-Ionisationskammern 48

II.3.4. Proportionalrohr 51
II.3.5. Geiger-Müller(G.M.)-Rohr 54
II.4. Das Problem der Ankopplung gasgefüllter Detektoren an geeignete Impulsverstärker (Charakteristik wichtiger Netzwerkelemente) . . 61
II.4.1. Einleitung und Problemstellung 61
II.4.2. Die Laplace-Transformation als Hilfsmittel für die Behandlung der wichtigsten Netzwerkelemente bei impulsmäßiger Belastung . 63
II.4.3. Charakteristik einiger wichtiger Netzwerkelemente mit Beispielen 66
II.5. Impulsspektroskopie mit Szintillationszählern 76
II.5.1. Übersicht über die prinzipielle Meßanordnung 76
II.5.2. Photo-Sekundärelektronenvervielfacher (Photomultiplier) . . . 79
II.5.3. Anorganische und organische Szintillatoren (Phosphore) . . . 85
II.5.4. Ankopplung des Photovervielfachers an den Linearverstärker. Das Integrationsnetzwerk 94
II.6. Cerenkov-Zähler 98
II.7. Halbleiter-Detektoren 102
II.7.1. Prinzip und Anwendungsgebiete 102
II.7.2. Charakteristik der „Grenzschicht"-Halbleiter-Zähler 107
II.7.3. Beispiele von Spektren, aufgenommen mit Halbleiter-Detektoren und das Betriebsverhalten der Zähler 110
II.8. Die Kernphotoplatte als Nachweismittel 112
II.8.1. Übersicht über die Kernphotoplattentechnik 112
II.8.2. Anwendungsbeispiele der Kernphotoplattentechnik 121
a) Massenbestimmung mit Hilfe der Kornauszählung (für einfach geladene Teilchen) 121
b) δ-Strahl-Methode 122
c) Vielfach-Streuung (Coulomb-Streuung) 123
II.9. Blasenkammer 125
Literatur 129

III. Koinzidenz-Meßtechnik 130

III.1. Koinzidenz-Meßmethoden 130
III.1.1. Einführung in die Koinzidenz-Meßtechnik 130
a) Kontinuierliche Delay-line 134
b) Diskrete Delay-line 137
III.1.2. Anwendungen der Koinzidenz-Methode (Abschätzungen der meßtechnischen Voraussetzungen) 138
Literatur 142

IV. Die Aktivierungsmethode als Mittel zur Bestimmung des Neutronenflusses 142

IV.1. Meßmethode 142
IV.2. Durchführung der Aktivitätsmessung 146

Inhaltsverzeichnis

IV.3. Aktivierungsquerschnitt bei thermischen Neutronen. Herstellung von radioaktiven Quellen im thermischen Fluß 147

V. Strahlungsquellen der Kernphysik 149

V.1. Einleitung und Übersicht 149
V.2. Erzeugung von Teilchen- und Gammastrahlen mit Hilfe von Kernreaktionen 151
V.2.1. Einfangs-Resonanz-Reaktionen als Teilchen- und Strahlen-Quellen 151
V.2.2. Ausbeute einer Resonanzeinfangs-Kernreaktion und Ausbildung der Target 155
V.3. Bremsstrahlungsspektren und ihre Anwendung in der Kernphysik 159
V.3.1. Bremsstrahlenspektren und der Begriff des integralen Wirkungsquerschnittes 159
V.3.2. Das Prinzip des Betatrons als Beispiel eines gepulsten Elektronenbeschleunigers 163
Literatur 170

VI. Magnetische und elektrische Felder als Hilfsmittel für die Teilchenfokussierung und Trennung 170

VI.1. Linsenwirkung magnetischer und elektrischer Sektorenfelder . . 170
VI.1.1. Einleitung 170
VI.1.2. Wirkung von magnetischen und elektrischen Feldern 172
VI.1.3. Linsengleichung des elektrischen Sektorfeldes 173
VI.1.4. Linsengleichung des magnetischen Sektorfeldes 174
Literatur 175

Sachverzeichnis 176

I. Einheiten der radioaktiven Strahlungsmessung und Dosimetrie mit experimentellen Daten

In der experimentellen Kernphysik werden für viele Untersuchungen Strahlungsquellen benutzt, die Teilchen verschiedenster Art aussenden. Mit ihrer direkten oder über Sekundärprozesse hervorgerufenen ionisierenden Wirkung können im lebenden Organismus biologische Veränderungen ausgelöst werden, die unter Umständen zu Schäden führen können. Diese sind aus mannigfachen, teils genetischen Überlegungen heraus, unbedingt zu vermeiden.

Für den Umgang mit den Strahlungsquellen der Kernphysik sind daher Kenntnisse der Dosimetrie unerläßlich, um so mehr schon bei sehr kleinen Aktivitäten der Gesetzgeber in den einzelnen Ländern sehr scharfe Bestimmungen über die Handhabung der Quellen im zusammenfassenden Sinne erlassen hat.

Nicht nur der Schutzgedanke rechtfertigt diese Einleitung. Allein bei den verschiedensten Untersuchungen in der experimentellen Kernphysik spielt die Stärke einer radioaktiven Quelle, ihre Form und Herstellung eine hervorragende Rolle.

Die späteren Ausführungen über Abschirmmaßnahmen beschränken sich auf verhältnismäßig schwache Quellen*. Über die entsprechenden Vorrichtungen bei Kernreaktoren besteht eine umfassende Spezialliteratur [1, 2].

I.1. Strahlungseinheiten, radioaktive Mengeneinheit, Aktivität einer Quelle

Die *Intensität* oder der *Quantenstrom* einer Kernstrahlung J (cm^{-2} s^{-1}) bezeichnet die Anzahl der Partikel oder Quanten, die in der Zeiteinheit eine zur Strahlrichtung senkrechte Fläche von 1 cm^2 durchsetzen.

Dementsprechend stellt das Produkt:

$$E \cdot J \quad (\text{MeV cm}^{-2}\,\text{s}^{-1}),$$

wobei E (MeV) die Energie bedeutet, den sogenannten *Energiestrom* dar.

---

* Die unter I gemachten Ausführungen können unter keinen Umständen einen Ersatz für das Studium der verbindlichen nationalen Vorschriften bieten.

Die *radioaktive Mengeneinheit* oder *Aktivität* wird in *Curie* (c) oder *Millicuri* (cmc) ausgedrückt, wobei die ursprüngliche Definition, die sich auf das Gleichgewicht von 1 g Radium mit seinen Tochtersubstanzen entsprechend $(3{,}67 \pm 0{,}07) \cdot 10^{10}$ Zerfallsakte/s bezog, dahin abgeändert wurde (1950), daß das Curie als diejenige Menge irgendeiner radioaktiven Kernart bezeichnet wird, deren Zerfallsrate $3{,}700 \cdot 10^{10}$ s^{-1} beträgt.

$$\underline{1\ Curie\ (c) = 3{,}700 \cdot 10^{10}\ Zerfälle/s.}$$

Damit steht der Umrechnung der Curie-Einheit für irgendein radioaktives Element nichts mehr im Wege:

$$1\ (mc) = 10^{-3}\ (c) = n \cdot \lambda = 3{,}7 \cdot 10^{7}\ s^{-1}$$

n: Anzahl radioaktiver Atome,
λ: Zerfallskonstante.

Beispiel: Berechne die Anzahl Atome n und die Masse M von 1 mc P^{32} ($T = 14{,}3$ Tage).
(Anmerkung: Der Übergang P^{32}—S^{32} ist ein einfacher β^{-}-Zerfall.)

$$\lambda = \frac{\ln 2}{T}\ n = (3{,}7 \cdot 10^{7}) \cdot (1{,}44 \cdot 12{,}35 \cdot 10^{5})$$
$$= 6{,}58 \cdot 10^{13}\ \text{Atome P}^{32}$$

$$M = n \cdot \frac{A}{L} = 3{,}5 \cdot 10^{-9}\ g\ P^{32}$$

A: 32
L: $6{,}02 \cdot 10^{23}$.

Das Zerfallsschema muß bei Betastrahlen in jedem Fall berücksichtigt werden, besonders wenn es sich um einen Positronenstrahler handelt (K-Einfang).

I.2. Dosiseinheiten

I.2.1. Definitionen

Durchdringt die Kernstrahlung Materie (besonders auch organische Substanz), wird ein Teil absorbiert, wobei diese Energie direkt oder indirekt über Sekundärstrahlung als Ionisationsenergie in Erscheinung tritt. Die biologische Wirksamkeit einer Bestrahlung stellt eine komplizierte Funktion der pro Volumen oder Masseneinheit gebildeten Ionen dar. Die Zahl der Ionen geht mit der pro Volumen resp. Masseneinheit absorbierten Strahlung proportional. Für diese „Strahlungsenergie", die sog. Dosis, hat man spezielle Einheiten eingeführt.

Das *Röntgen (r)* als Maß des Energieverlustes durch Ionisation bei „Röntgen"- und γ-Strahlen:

Das „internationale" Röntgen (r) entspricht einer Absorption von Photonen in 0,001293 g Luft (1 cm³, 0° C, 760 Torr), wobei eine totale Ionisation von $2{,}58 \cdot 10^{-4}$ A s kg^{-1} (1 el. st. Einheit/cm³) entsprechend $2{,}083 \cdot 10^9$ Ionenpaare (oder $1{,}61 \cdot 10^{12}$ Ionenpaare/g Luft) produziert wird.

Für die praktische Handhabung der r-Einheit empfiehlt es sich, für die mittlere Ionisationsenergie in Luft 32,5 eV einzusetzen und folgende kleine Umrechnung vorzunehmen:

$1\,r = 2{,}083 \cdot 10^9$ Ionenpaare $\cdot$ 32,5 eV/Ionenpaar $=$

$6{,}77 \cdot 10^4$ MeV/cm³ $=$

$5{,}24 \cdot 10^{13}$ eV/g Luft $=$

83,8 erg/g Luft

Diese Ionisation wird durch Photo (σ_τ), Compton (σ_c) und Paar-Elektronen (σ_p) hervorgerufen. Die entsprechenden Anteile variieren mit den Wirkungsquerschnitten, die vorwiegend eine Funktion der Energie und der Kernladungszahl darstellen.

Der *totale Absorptionskoeffizient*

$$(\mu_\text{Total} = \mu_\text{Photo} + \mu_\text{Compton} + \mu_\text{Paar})$$

durchläuft ein Minimum, das später bei einer eingehenden Diskussion der Abschirmeffekte eine entscheidende Rolle spielt.

Tabelle I.2.1. *Energiewerte (E_m), bei denen der Absorptionskoeffizient μ für γ-Strahlen bei schmal ausgeblendetem Strahl (siehe Abb. I.2.1.) ein Minimum annimmt*

Element	E_m (MeV)	Element	E_m (MeV)
$_4$Be	94	$_{20}$Ca	13
$_5$B	70	$_{26}$Fe	9
$_6$C	56	$_{30}$Zn	7,6
$_7$N	46	$_{40}$Zr	5,4
$_8$O	39	$_{48}$Cd	4,4
$_9$F	33	$_{56}$Ba	3,9
$_{10}$Ne	29	$_{74}$W	3,5
$_{13}$Al	21	$_{82}$Pb	3,4
		$_{92}$U	3,3

Die pro g Substanz absorbierte Energie von 83,8 erg bei einem Strahlungsfeld von 1 r stimmt per definitionem nur für Luft. Abb. I.1.2 zeigt, daß die pro g Substanz und pro r absorbierte Energie als Funktion der Photonenenergie für Luft, Fett, Muskelgewebe und Knochen erheblich verschieden sind. Besonders markante Abweichungen liegen bei γ-Quanten von 0,01 bis 0,1 MeV vor.

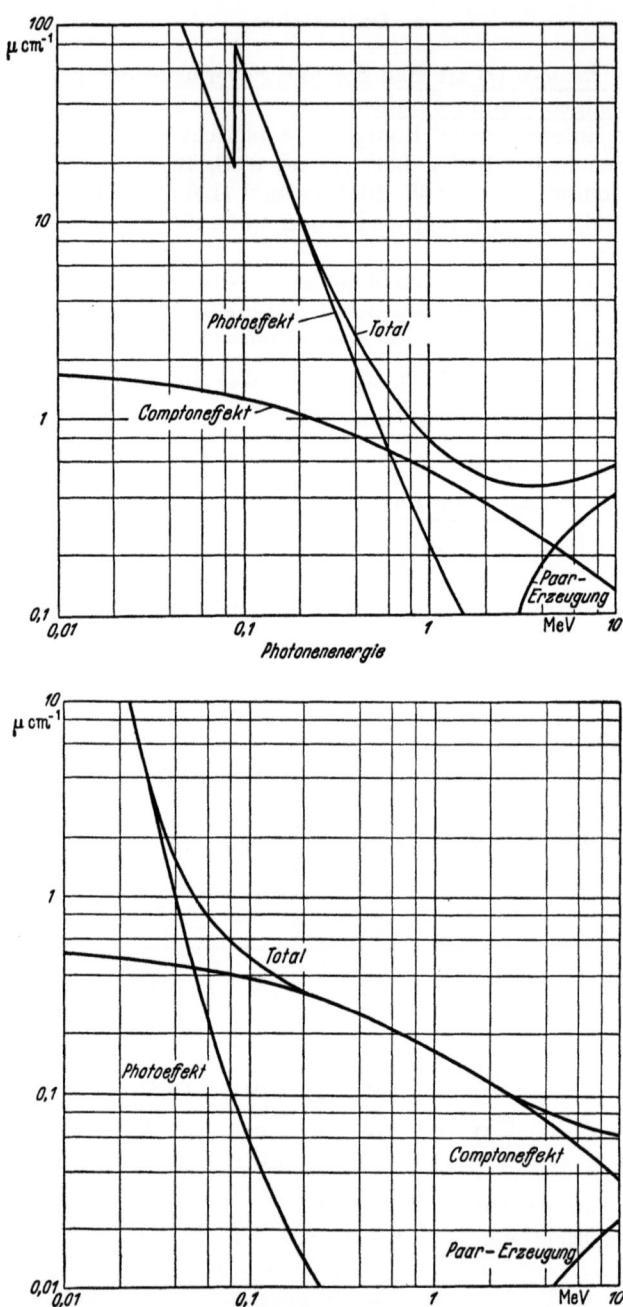

Abb. I.2.1. γ-Absorptionskoeffizient von a Blei und b Aluminium

In diesen Bereichen dominiert der Photoeffekt, dessen Wirkungsquerschnitt (σ_τ) sehr stark mit starker Z-Abhängigkeit nach kleinen Energien ansteigt.

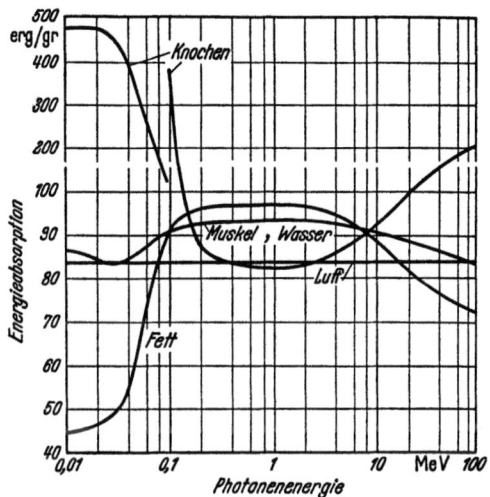

Abb. I.2.2. Die pro g Substanz und pro Röntgen absorbierte Strahlungsenergie für Luft, Knochen, Fett und Muskeln

Mit einer einfachen Rechnung an einem Beispiel kann gezeigt werden, daß das *Röntgen* keine exakte Information über Intensität oder Energiefluß liefert, vielmehr eine Maßeinheit des *Energieverlustes* darstellt.

Es wird nach der γ-Dosis in r/s gefragt bei gleichem Energiefluß $E \cdot J$, aber unterschiedlicher Quantenenergie E_γ.

Fall 1: 1000 Photonen/cm² · s mit $E_\gamma = 1$ MeV
$$EJ = 1000 \text{ MeV cm}^{-2} \text{ s}^{-1}$$

Fall 2: 500 Photonen/cm² · s mit $E_\gamma = 2$ MeV
$$EJ = 1000 \text{ MeV cm}^{-2} \text{ s}^{-1}$$

$h\nu = 1$ MeV $\sigma_{a\,\text{Compton}} = 3{,}6 \cdot 10^{-5}$ cm^{-1} in Standardluft

$h\nu = 2$ MeV $\sigma_{a\,\text{Compton}} = 3 \cdot 10^{-5}$ cm^{-1} in Standardluft

Energie, die absorbiert wird pro cm³ Luft
  Für 1 MeV $1000 \cdot 3{,}6 \cdot 10^{-5} = 0{,}036$ MeV/cm³ · s
  Für 2 MeV $1000 \cdot 3{,}0 \cdot 10^{-5} = 0{,}030$ MeV/cm³ · s

Dosis* für 1 MeV-Quanten: $0{,}036/6{,}77 \cdot 10^4 = 5{,}3 \cdot 10^{-7}$ r/s
Dosis für 2 MeV-Quanten: $0{,}030/6{,}77 \cdot 10^4 = 4{,}4 \cdot 10^{-7}$ r/s.

---

* 1 r = $6{,}77 \cdot 10^4$ MeV/cm³.

Aus gleichem Energiefluß resultieren erwartungsgemäß verschiedene Dosisleistungen.

Das Röntgen (r) bildet, wie das Beispiel zeigt, ein typisches Maß für den Energieverlust und nicht für den Energiefluß.

Da das Röntgen nur für elektromagnetische Strahlung definiert ist und zudem nur in einem begrenzten Energieintervall sinnvoll angewendet werden kann (siehe Abb. I.1.2) wurde eine neue Einheit als <u>Dosiseinheit für ionisierende Strahlung</u>

das *rad* (röntgen absorbed dose) eingeführt.

$$1\,rad_{absorbierte\,Dosis} = 100\,erg/g.$$

Die biologische Wirkung einer Bestrahlung ist nicht nur von der Anzahl der pro g Substanz gelieferten Ionenpaare (physikalische Dosis), sondern auch von der Ionisationsdichte abhängig.

Um die Wirkung beliebiger Strahlung miteinander zu vergleichen, wurde

die *rem* (röntgen-equivalent man)-*Einheit* geschaffen.

$1\,rem = 1\,rad \times$ *relative biologische Wirksamkeit (RBW)*,

wobei die RBW-Werte von 0,5 bis 20 variieren können.

Bei γ-Strahlung wird gemäß Tabelle I.2.2 der RBW-Faktor $= 1$ angenommen, so daß in diesem Fall

$$1\,rem = 1\,rad \quad \text{entspricht.}$$

Tabelle I.2.2. *Relative biologische Wirksamkeiten*

Strahlungstyp	Im Gewebe wirksame Sekundärteilchen	Reichweite g/cm² Gewebe	RBW
γ-Strahlung ..	Elektronen (Compton-Photo- und Paarerzeugungs-Effekte)	$5 \cdot 10^{-4} - 0,6$	1
schnelle Neutronen ...	Rückstoßprotonen	$10^{-4} - 6 \cdot 10^{-2}$	10
	0,6 MeV Protonen aus N^{14} (n, p) C^{14}-Reaktion	10^{-3}	10
langsame Neutronen ...	Sekundärelektronen der 2,2 Mev-γ-Strahlung H^1 (n, γ) H^2	0,5	1

Der Zusammenhang zwischen Quantenstrom, Energiestrom und Dosis (r) resp. Dosisleistung (DL in r/h oder rad/h) kann unter Benutzung der Massenabsorptions-Koeffizienten-Tabelle für γ-Strahlen angegeben werden.

$$DL(r/h) = J \cdot E \cdot \frac{\mu_a}{\varrho} \cdot 6,9 \cdot 10^{-5} \quad \text{für } \gamma\text{-Quanten}$$

$\dfrac{\mu_a}{\varrho}$: Massenabsorptionskoeffizient für γ-Strahlen (cm²/g)

$6,9 \cdot 10^{-5}$: Zahlenfaktor für Umrechnung von MeV/s auf 83 erg/h.

Da sich μ_a/ϱ von Luft zwischen 100 keV und 2 MeV nur in den Grenzen von 0,19 cm²/g und 0,05 cm²/g ändert, und in erster Näherung mit 0,0265 cm²/g als Mittelwert angenommen werden darf, ergibt sich folgende approximative Formulierung

$$DL(r/h \sim J \cdot E \cdot 1{,}8 \cdot 10^{-6},$$

wobei E in MeV eingesetzt werden muß.

1.2.2. Dosisleistungen von γ-Strahlern

An einigen Beispielen der Praxis soll das Gesagte illustriert werden.

Beispiel 1: 1 g Substanz absorbiert 10^8 β-Strahlen mit einer mittleren Energie $\bar{E}_\beta$ von 0,52 MeV. (β-Strahlen weisen ein kompliziertes, kontinuierliches Energiespektrum auf: siehe Theorie des β-Zerfalles. Mit guter Näherung berechnet sich $\bar{E}_\beta$ als ⅓ der Maximalenergie $E_{\beta max}$.)

Totale absorbierte Energie: $52 \cdot 10^6$ MeV/g
$$= 83 \text{ erg/g} = \boldsymbol{1\ r}$$
oder $\qquad\qquad\qquad\qquad\qquad\qquad\qquad\qquad\boldsymbol{0{,}83\ rad}$

Beispiel 2: Man berechne die Röntgen pro Stunde pro Meter (rhm)-Dosisleistung* einer Radiumquelle von 1 g Radium entsprechend einer Aktivität von 1 c $= 3{,}7 \cdot 10^{10}$ Zerfälle/s.

Da das Zerfallsschema des Radiums kompliziert ist, müssen für die Rechnung aus der Literatur noch einige Zahlen bereitgehalten werden.

Die Summe über die mittlere Quantenanzahl (n) pro Alphateilchen des Radiums unter Berücksichtigung von 12 Einzellinien weist die Größe $\Sigma n = 2{,}290$ auf.

Wird der Energiewert pro Photon (MeV) für jede einzelne der 12 Linien mit der mittleren Quantenzahl (n) multipliziert und die Summe

$$\Sigma n_i \cdot \Sigma h \nu_i$$

gebildet, so kommt der Wert 1,7893 MeV heraus.

Die Summe aller Compton-Absorptionskoeffizienten in Luft bei den betreffenden Energiewerten der 12 Linien beträgt

$$\Sigma \sigma_a^i = 6{,}19 \cdot 10^{-5} \text{ MeV/cm Luft}.$$

Damit sind für die Dosisleistungs-Berechnung alle numerischen Werte, die mit dem Zerfallsschema des Radiums zusammenhängen,

---

* Eigentlich sollte es r/hm: Röntgen pro Stunde pro Meter Abstand heißen; in der Konvention (rhm) geschrieben.

bereitgestellt.

$$DL\ (rhm) = \left(\frac{3{,}7 \cdot 10^{10} \cdot 3600}{4\pi \cdot 100^4}\right)\left(\frac{6{,}19 \cdot 10^{-5}}{6{,}77 \cdot 10^4}\right)$$

$$= 0{,}969 \left(\frac{1}{cm^2 \cdot h}\right) \cdot \left(\frac{MeV/cm}{MeV/cm^3 \cdot r}\right)$$

$$= \boldsymbol{0{,}969}\ \text{(Röntgen pro Stunde pro Meter)}.$$

In der radiologischen Praxis wird in der Regel die mit 0,5 mm Pt gefilterte Standardquelle (Absorption der α- und β-Teilchen) verwendet.

Auch die γ-Strahlung unterliegt einer Schwächung, so daß nach WILSON [3] die Dosisleistung von 1 g $Ra_{gefiltert} = 0{,}84 \pm 0{,}02$ rhm entspricht.

Beispiel 3: Eine der wichtigsten künstlichen γ-Quellen in Technik und Medizin stellt die Co^{60}-γ-Strahlung dar. Abb. I.2.3 zeigt das Zerfallsschema. Nach einem β^--Übergang folgt eine γ-Kaskade.

Man berechne die Dosisleistung in Röntgen pro Stunde pro Meter für eine Kobaltquelle von 1 c Aktivität.

$$(\sigma_{a1,10} = 3{,}53 \cdot 10^{-5}\ cm^{-1}\ \text{für Luft bei NTP})$$

$$\sigma_{a1,30} = 3{,}41 \cdot 10^{-5}\ cm^{-1}\ \text{für Luft bei NTP}$$

$$DL_{1c\ Co^{60}} = \left(\frac{3{,}7 \cdot 10^{10} \cdot 3600}{4\pi \cdot 10^4}\right) \cdot \left(\frac{1{,}10 \cdot 3{,}53 \cdot 10^{-5} + 1{,}30 \cdot 3{,}41 \cdot 10^{-5}}{6{,}77 \cdot 10^4}\right)$$

$$= \boldsymbol{1{,}30\ (rhm)}.$$

In der folgenden Tabelle I.2.3 sind die Röntgen pro Stunde und pro Meter-Abstand einiger γ-Strahler aufgeführt für eine Quellstärke* von 1 Curie.

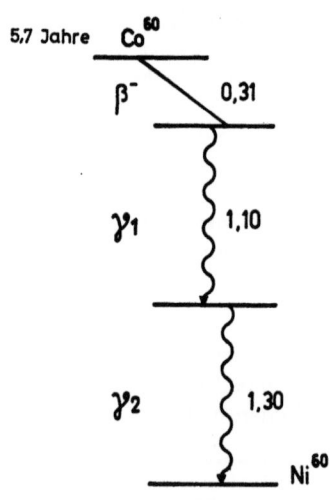

Abb. I.2.3. Zerfallsschema von Co^{60}

Tabelle I.2.3. *Dosisleistungen von einigen künstlichen γ-Strahlern*

Quellstärke $= 3{,}7 \cdot 10^{10}$ Isotop	Zerfälle/s rhm
Na^{22}	1,30
Na^{24}	1,92
Mn^{52}	1,93
Mn^{54}	0,485
Fe^{59}	0,651
Co^{58}	0,560
Co^{60}	1,30
Zn^{65}	0,30
Br^{82}	1,50
I^{128}	0,018
I^{139}	1,25

---

* Über die Berücksichtigung der kleinen Effekte berichtet eine Zusammenstellung in Nucleonics **10**, 42 (1947).

Aus diesen Beispielen und Tabelle I.2.3 läßt sich eine einfache, leicht zu merkende Faustregel ableiten:

Die *Dosisleistung* für praktisch alle künstlichen und natürlichen γ-Strahler in r/h beträgt

$$\mathrm{DL}(\mathrm{r/h}) \sim Y/X^2$$

wobei X in Metern eingesetzt wird und Y in Curie-Einheiten; also ein Curie irgend eines γ-Strahlers entwickelt in einem Abstand von 1 m die DL von $\sim$ 1 r/h.

I.2.3. Dosisleistungen von Neutronen

Im Prinzip geht die Betrachtung analog wie unter I.2.1, nur muß die spezielle Eigenart der Neutronenabsorption berücksichtigt werden und die verstärkte biologische Wirkung, die sich in dem *RBW-Faktor* bei der Berechnung der Anzahl der rem äußert.

Eine vereinfachte Behandlung läßt sich bei der Bremsung von schnellen Neutronen in organischen Substanzen durchführen. Die Energie wird vorerst in Form von elastischen Stößen an die Wasserstoffatome abgegeben. Beschränkt man sich darauf, nur die beim ersten Stoß übertragene Energie zu berücksichtigen, dann ist

$$\frac{\mu_a}{\varrho} = \frac{N_H \cdot \sigma_H(E)}{e} ;$$

dabei bedeuten $N_H = 6{,}7 \cdot 10^{22}$ die Anzahl der Protonen pro g Substanz und $\sigma_H(E)$ der von der Neutronenenergie abhängige (n, p)-Stoßquerschnitt. Das e im Nenner drückt lediglich aus, daß die Neutronen beim Stoß im Mittel $1/e$ ihrer Energie verlieren.

$\sigma_H(E)$ ist beispielsweise bei [4] tabelliert und damit berechnet sich die Dosisleistung zu

$$\mathrm{DL}(\mathrm{rad/h}) = 1{,}5 \cdot 10^{-6} \cdot \sigma_H(E) \cdot E \cdot J,$$

wobei $\sigma_H(E)$ in barn sowie E in MeV eingesetzt werden.

Das Beispiel „kleiner Neutronenbeschleuniger" soll das Gesagte illustrieren. Eine der ergiebigsten Neutronenquellen für monochromatische Neutronen von 14 MeV Energie bildet die $\mathrm{H}^3(d, n)$ He^4-Reaktion. Bei einer dicken Tritium-Target sind bei 200 KeV Deuteronenenergie Ausbeuten von $2 \cdot 10^8$ Neutronen/s pro μA Strom gemessen worden. (Die breite Resonanzstelle dieser Anregungsreaktion befindet sich bei $E_R = 110$ keV.)

Wie groß ist die Dosisleistung in rem/h m bei einer Beschleunigungsspannung von 200 kV und „nur" 10 μA Strom und dicker Target?

$$\sigma_H(14\,\mathrm{MeV}) = 0{,}7\,\mathrm{barn}$$

Quellstärke: $10 \cdot 2 \cdot 10^8 = 2 \cdot 10^9$ Neutronen/s

$$J = \frac{Q}{4\pi r^2} = \frac{2 \cdot 10^9}{4\pi \cdot 10^4} = 16 \cdot 10^3 \, cm^{-2} \, s^{-1}$$

$$DL = J \cdot E \cdot \sigma_{(H)} \cdot 1{,}5 \cdot 10^{-6} \cdot \text{RBW}$$

$$= 16 \cdot 10^3 \cdot 14 \cdot 0{,}7 \cdot 1{,}5 \cdot 10^{-6} \cdot 10$$

$$= 2{,}35 \, rem/h \cdot m.$$

Wird als Größenvergleich die maximale Toleranzdosis von 0,3 rem pro Arbeitswoche herangezogen, so geht aus dem Beispiel klar hervor, wie wichtig hier schon umfassende Abschirmmaßnahmen werden.

Unter Berücksichtigung sämtlicher sekundärer Prozesse wie (n, α)- und (n, p)-Reaktionen, sowie einer vertieften Behandlung der RBW-Werte hat SNYDER [5] die von einer Intensität 1 Neutron/cm² s herrührende Dosisleistung berechnet. Bei bekannter Intensität folgt sofort unter Benutzung der Abb. I.2.4 die Dosisleistung.

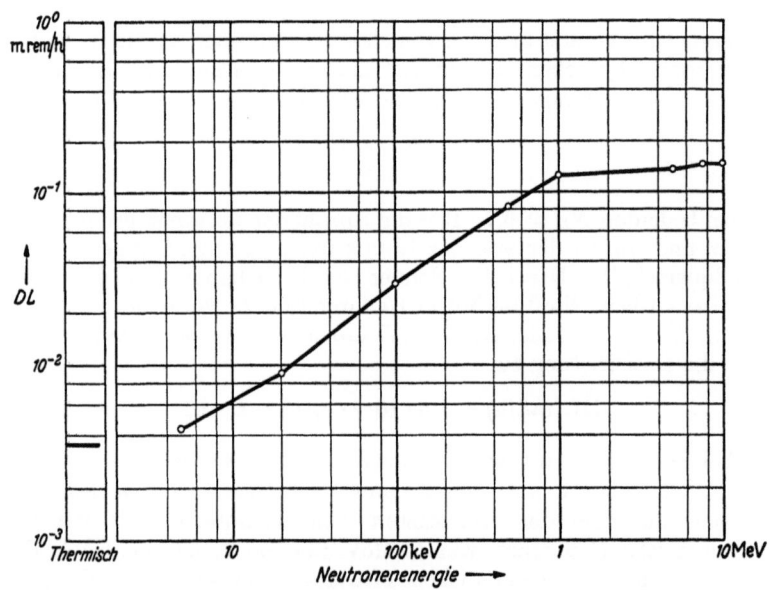

Abb. I.2.4. Die von einer Intensität 1 Neutron/cm² · s herrührende Dosisleistung

I.2.4. Dosisleistungen von β-Strahlern

Dieser Abschnitt beansprucht ausschließlich das Interesse derjenigen Anwender von Radioisotopen, die β-Strahler in eine organische Substanz hineinbringen wollen und dann nach der Dosisleistung, ausgedrückt in rad pro μCurie pro g Gewebe, fragen. Experimentell wichtig ist dabei eine gleichmäßige Verteilung der radioaktiven Substanz. Treten aus irgend einem Grund spezielle Speichereffekte im lebenden Organismus auf, müssen die nachfolgenden Berechnungen entsprechend abgeändert werden.

Die pro g Gewebe absorbierte Energie beträgt

$$D_{\beta \text{ je g Gewebe}} = n \cdot \overline{E}_\beta \cdot 10^6 \text{ eV}$$

wobei $n = C/\lambda$ die Anzahl radioaktiver Atome je g und $\overline{E}_\beta$ die mittlere β-Energie pro Zerfall in MeV bedeuten.

C: Konzentration in μc/g λ: Zerfallskonstante (s^{-1}).

Es ist zweckmäßig, die Halbwertszeit T des Isotops in Tagen einzuführen

$$T = \frac{0{,}693}{\lambda \cdot 8{,}64 \cdot 10^4}. \qquad \lambda: \text{s}^{-1}.$$

Berücksichtigt man die Relation für die absorbierte Energie pro g Luft bei einer Bestrahlungsdosis von 1 rad entsprechend

$$100 \text{ erg/g} = 6{,}25 \cdot 10^{13} \text{ eV/g Luft}$$

wird die totale Dosisleistung DL$_\beta$ ausgedrückt in rad

$$\boldsymbol{DL_\beta = 73{,}7 \cdot \overline{E}_\beta \cdot T \cdot C = K_\beta \cdot C}$$

$\overline{E}_\beta$: in MeV; T: in Tagen C: in μc/g.

Beispiel: Au^{198} T: 2,7 Tage $\overline{E}_\beta$: 0,32 MeV

$\boldsymbol{K_\beta} = 63{,}3$ rad pro μ c pro g

Annahme: $C = 10^3 \, \mu\text{c/g} = 1 \text{ mc/g}$

Totale Dosis $DL_\beta = 63{,}3 \cdot 10^3 = \boldsymbol{6{,}3 \cdot 10^4 \text{ rad}}$
über die Zerfallszeit.

I.3. Abschirmprobleme bei γ-Strahlern und Neutronen

I.3.1. Toleranzdosis und Toleranzströme

An Stelle der Toleranzdosis oder der pro Arbeitswoche maximal zulässigen Strahlendosis von 0,3 rem ist es zweckmäßiger, besonders bei der Berechnung von Abschirmungen den *Toleranzstrom* einzuführen, der diejenige Intensität einer Strahlung definiert, die zur Aufnahme der *Toleranzdosis* führt.

Tabelle I.3.1. *Toleranzströme* (entsprechend 0,3 rem/Woche)

Strahlungsart	Maximaler Toleranzstrom ($cm^{-2} s^{-1}$)
γ-Strahlung 2 MeV	2100
Neutronen 10 MeV	50
2 MeV	54
0,5 MeV	90
0,1 MeV	250
20 KeV	840
5 KeV	1800
Thermische Neutronen	2000

Beispiel: 1 g Radium ($3,7 \cdot 10^{10}$ Zerfälle/s) liefert in 1 m Abstand folgenden Fluß:

$$J = \frac{Q}{4\pi x^2} = \frac{3,7 \cdot 10^{10}}{4\pi \cdot 10^4} = 2,95 \cdot 10^5 \, cm^{-2} \, s^{-1}.$$

Um auf den Toleranzstrom von 2100 $cm^{-2} \cdot s^{-1}$ zu kommen, ist ein Schwächungsfaktor von ~ 140 mit irgend einem Material zu erreichen.

I.3.2. Abschirmmaßnahmen gegen γ-Strahlen

(Absorptionskoeffiziente für γ-Strahler)

Die Abschwächung der γ-Strahlenintensität erfolgt entsprechend ihrer verschiedenen Wechselwirkungsprozesse mit der Materie. Bei einem schmal gebündelten γ-Strahl (entsprechend wie bei einem Transmissionsexperiment bezeichnet man die Anordnung in Abb.I.3.1

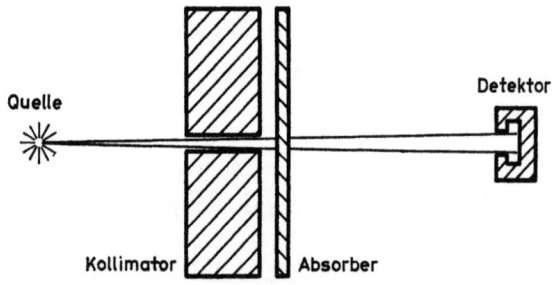

Abb. I.3.1. Meßanordnung für γ-Absorptionskoeffizienten in „guter" Geometrie

als gute Geometrie, das heißt unter Vernachlässigung der Streueffekte) kann die <u>Intensitätsabnahme in exponentieller Form</u>

$$I = I_0 \cdot e^{-\mu x}$$

dargestellt werden, wobei der Absorptionskoeffizient μ in cm^{-1} oder gebräuchlicher in μ/ϱ (cm^2/g) sich aus den Anteilen

$$\mu_{\text{Total}} = \mu_{\text{Photo}} + \mu_{\text{Compton}} + \mu_{\text{Paar}}$$

zusammensetzt. (Siehe auch Abschnitt I.2.1.)

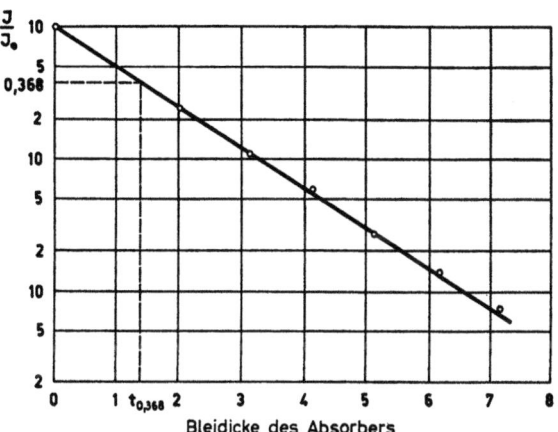

Abb. I.3.2. Experimentelle Bestätigung der exponentiellen Schwächung bei „guter" Geometrie (siehe Abb. I.3.1.). Quelle: Zn^{65} = 1,14 MeV, Absorber: Blei

Unter Benützung der gemessenen Kurve Abb. I.3.2 (Beispiel: $J/J_0 = 10^{-1}$; $x_{\text{Abs.}} = 3{,}1$ cm Blei) berechnet sich der Massenabsorptionskoeffizient μ/ϱ in guter Geometrie für $E_\gamma = 1{,}14$ zu $\sim 0{,}065$ cm^2/g.

Bei der experimentellen Ausmessung der Absorptionskurve spielt der Begriff „Halbwertsdicke", das heißt die Absorberdicke $t_{1/2}$, bei der das Verhältnis J/J_0 auf die Hälfte abgesunken ist, eine gewisse Rolle.

$$t_{1/2} = \frac{\ln 2}{\mu} = 0{,}693/\mu \qquad t_{1/2}: \text{cm} \qquad \mu: \text{cm}^{-1}.$$

Die Massenabsorptionskoeffizienten für eine chemische Verbindung oder eine Mischung von Substanzen ermittelt man aus den Koeffizienten für die einzelnen Elemente, die aber noch entsprechend dem Vorkommen korrigiert werden müssen.

Beispiel:

$$\mu_{\text{H}_2\text{O}} = \frac{1}{9} \cdot \mu_{\text{H}} + \frac{8}{9} \cdot \mu_{\text{O}}.$$

Eingehende Diskussion der verschiedenen Typen der Wechselwirkung der γ-Strahlung mit der Materie, entsprechend den einzelnen

Absorptionsprozessen auch unter Berücksichtigung der kleinen Effekte (innerhalb der sog. Nieder-Energie-Physik) findet man bei FANO [6], aus dessen Arbeit auch Tabelle I.3.2 entnommen ist. (Siehe aber auch Abb. I.2.1.)

Tabelle I.3.2. $\mu/\varrho = $ *Massen-Absorptions-Koeffizient in* cm^2/g

Photonen-Energie	Materie			
	Wasser	Aluminium	Eisen	Blei
0.1	0.171 (0.167)	0.169 (0.160)	0.370 (0.342)	5.46 (5.29)
0.15	0.151 (0.149)	0.138 (0.133)	0.196 (0.182)	1.92 (1.84)
0.2	0.137 (0.136)	0.122 (0.120)	0.146 (0.138)	0.942 (0.895)
0.3	0.119 (0.118)	0.104 (0.103)	0.110 (0.106)	0.378 (0.335)
0.4	0.106 (0.106)	0.0927 (0.0922)	0.0939 (0.0918)	0.220 (0.208)
0.5	0.0967 (0.0967)	0.0844 (0.0840)	0.0840 (0.0828)	0.152 (0.145)
0.6	0.0894 (0.0894)	0.0779 (0.0777)	0.0769 (0.0761)	0.119 (0.114)
0.8	0.0786 (0.0786)	0.0683 (0.0682)	0.0668 (0.0668)	0.0866 (0.0837)
1.0	0.0706 (0.0706)	0.0614 (0.0614)	0.0598 (0.0595)	0.0703 (0.0683)
1.5	0.0576 (0.0576)	0.0500 (0.0500)	0.0484 (0.0484)	0.0523 (0.0514)
2.0	0.0493 (0.0493)	0.0431 (0.0431)	0.0422 (0.0422)	0.0456 (0.0451)
3.0	0.0396 (0.0396)	0.0353 (0.0353)	0.0359 (0.0359)	0.0413 (0.0410)
4.0	0.0339 (0.0339)	0.0310 (0.0310)	0.0330 (0.0330)	0.0416 (0.0416)
5.0	0.0302 (0.0302)	0.0284 (0.0284)	0.0314 (0.0314)	0.0430 (0.0430)
6.0	0.0277 (0.0277)	0.0266 (0.0266)	0.0305 (0.0305)	0.0445 (0.0445)
8.0	0.0242 (0.0242)	0.0243 (0.0243)	0.0298 (0.0298)	0.0471 (0.0471)
10.0	0.0221 (0.0221)	0.0232 (0.0232)	0.0300 (0.0300)	0.0503 (0.0503)

Die Klammerausdrücke stellen die Werte dar, bei denen der Beitrag der Rayleigh-Streuung vernachlässigt ist.

Um zum eigentlichen Thema „Abschirmung" zurückzukehren, muß festgehalten werden, daß in jeder praktischen Anordnung, etwa eine Punkt- oder Flächenquelle, die Absorption der Primären gemäß dem Exponentialgesetz verläuft; beim Eindringen der Strahlung in den Absorber erfolgt aber ein „Aufbau"* der gestreuten Strahlung, so daß entsprechende Korrekturen gegenüber den Verhältnissen der sog. „guten" Geometrie eingeführt werden müssen. Diese Korrekturen werden formal für Gammaquellen mit Energien $E_\gamma < E_m$ (Energie der minimalen Absorption, siehe Tabelle I.2.1) und das sind in der Regel die Quantenenergien, mit denen sich die „niederenergetische" Kernphysik beschäftigt, folgendermaßen eingeführt:

$$J = J_0 \cdot e^{-\mu_0 \cdot x} \cdot x^K$$

(der Ausdruck x^K wird oft als *Aufbaufaktor* bezeichnet).

Eine einfache Näherung zeigt, daß $B_{(x)} \sim 1$ wird, solange das Produkt $\mu x < 1$ ist. Bei $\mu x \gg 1$ wird $B \sim \mu x$. Nur bei Intensitäts-

---
* „build up"

berechnungen mit großen Absorberdicken, das heißt bei starken Flußschwächungen, wirkt sich der Aufbaufaktor aus. Das ist allerdings praktisch bei allen Abschirmmaßnahmen der Fall.

Tabelle I.3.3. *K-Faktor für die Bestimmung des „Aufbaufaktors" bei Flächenquellen in Abhängigkeit von der Quantenenergie*

Quanten-Energie (MeV)	H_2O	Al	Fe	Sn	Pb	U
10	0,881	1,23				
8	0,900	1,19	6,10			
6	0,920	1,14	2,60			
4	0,980	1,08	1,56	4,39		
3	1,04	1,15	1,36	2,60	4,85	6,45
2	1,17	1,22	1,30	1,54	1,07	0,880
1	1,52	1,52	1,61	1,25	0,680	0,550
0,8	1,64	1,64	1,70	1,25	0,579	0,450
0,6	1,85	1,85	1,78	1,09	0,430	0,340
0,4	2,26	2,22	1,90	0,780	0,260	0,196
0,3	2,64	2,61	1,75	0,530	0,154	0,120
0,2	3,32	2,78	1,28	0,267	0,0725	0,0550
0,15	3,98	2,55	0,840	0,136	0,038	0,027

Durch diese „*Aufbaueffekte*" sind bei einer vertieften Behandlung einige Schwierigkeiten zu überwinden; vor allem können die numerischen Rechnungen sinnvoll nur mit einem Rechenprogramm an einem Computer bewältigt werden.

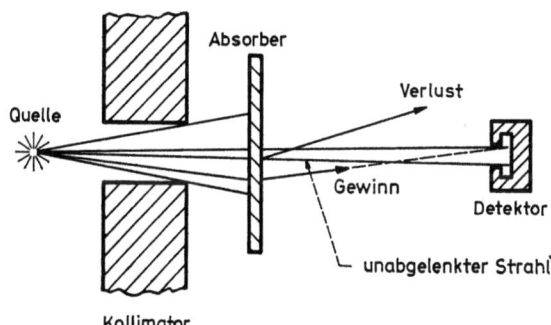

Abb. I.3.3. Anordnung zur Messung der Absorptionskoeffizienten von γ-Strahlen bei schlechter Fokussierung. Im Gegensatz zu der „guten" Geometrie (Abb. I.3.1.)

Zur anschaulichen Darstellung eignet sich die klassische Anordnung mit schlechter Fokussierung, die die Verhältnisse wie in Tabelle I.3.3 angeführt, annähernd wiedergibt und einen experimentellen Nachweis gestattet. In komplizierten Fällen bleibt sogar nichts anderes übrig, als experimentell bestimmte Anordnungen auszumessen.

I.3.3. Abschirmmaßnahmen gegen Neutronen

Die Abschirmung von Neutronen stellt ein Zweistufenprozeß dar. In der ersten Phase werden die schnellen Neutronen durch inelastische Streuung an schweren Kernen oder durch elastische Stöße mit leichten Kernen, besonders günstig Wasserstoff, abgebremst. Als thermische Neutronen können sie durch stark absorbierende Substanzen wie Bor oder Cd eingefangen werden. Besonders zu achten bei diesen Einfangprozessen ist auf die entstehende γ-Strahlung, die beispielsweise bei der $B^{10}(n,\alpha)Li^7$-Reaktion ($Q = 2{,}792$ MeV) eine Energie von 477 KeV aufweist (Übergang erster angeregter Zustand $Li^7(1/2^-)$ auf Grundzustand $Li^7(3/2^-)$). Mit den allgemein als sehr hoch zu bezeichnenden thermischen Einfangsquerschnitten einiger Materialien (Beispiel: $B^{10}(n,\alpha)Li^7 : \sigma = 750$ barn) bildet die Absorption der langsamen Neutronen kein Problem. Bei den schnellen Neutronen kann wieder eine exponentielle Abnahme der Primären angenommen werden und wiederum wie bei den γ-Strahlen baut sich eine Streustrahlung auf, die formal mit dem sog. Aufbaufaktor B berücksichtigt wird.

ALBERT und WELTON [7] haben für Abschirmvorrichtungen, die sehr viel Wasserstoff enthalten, eine halbempirische Theorie entwickelt, die zu befriedigenden Resultaten führt. Es wird dabei angenommen, daß ein elastischer Stoß eines schnellen Neutrons als Absorptionsprozeß aufgefaßt werden kann, da durch die Richtungsänderung beim Stoß der Weg im absorbierenden Medium verlängert wird und zudem ein starker Energieverlust parallel geht. Wegen des steigenden Streuquerschnittes des Wasserstoffs bei kleiner werdenden Neutronenenergien sind nachfolgende Stöße des Neutrons mit Wasserstoff sehr wahrscheinlich.

Auch der inelastische Stoß mit einem schweren Atomkern kann als Absorptionsprozeß aufgefaßt werden, da eine Richtungsänderung verbunden ist und das Neutron in einen Energiebereich wirft, in dem wie oben weitere Stöße mit Wasserstoffkernen sehr wahrscheinlich sind.

Auch die elastische Streuung an einem schweren Kern bedeutet mit der gleichen Argumentation Absorption.

Aus diesen Überlegungen folgt, daß die Durchdringungscharakteristik schneller Neutronen durch stark wasserstoffhaltige Absorber im wesentlichen durch die Primären bestimmt wird.

$$J_{(x)} = J_{(0)} \cdot e^{-\Sigma W_A \cdot x}.$$

$\left(\text{Bei einer Punktquelle } J = \dfrac{Q}{4\pi x^2} \cdot e^{-\Sigma W_A \cdot x}\right)$. Σ_{W_A} ist ein aus der Relaxationslänge bestimmbarer *Absorptionsquerschnitt* der Abschirmsubstanz. Er setzt sich aus dem makroskopischen Streuquerschnitt

$\Sigma_H(E)$ des Wasserstoffs und den wirksamen Absorptionsquerschnitten der schweren Kerne zusammen. (Für Spaltneutronen gemessen für verschiedene Elemente.)

Für monochromatische Neutronenquellen existieren keine Messungen; man muß sich da mit der Näherung $\sigma_{W_A} = 0{,}7 \cdot \sigma_t(E)$, wobei $\sigma_{(t)}$ den totalen Wirkungsquerschnitt darstellt, begnügen, wobei als Bezugsenergie die mittlere Energie der Primären eingesetzt wird.

In den nachfolgenden Tabellen sind Relaxationslängen $\lambda = 1/\Sigma_{W_A}$ für schnelle Neutronen und entsprechende Meßwerte für definierte Neutronenquellen aufgeführt.

Tabelle I.3.4. *Relaxationslängen $\lambda = 1/\Sigma_{W_A}$ für schnelle Neutronen (berechnete Werte)*

Neutronenenergie MeV	λ cm		
	Wasser cm	Paraffin cm	Beton* cm
2	4,5	4	8,5
4	6,5	5,7	10
6	8,2	7,3	11,5
8	9,5	8,5	12
10	11	10	12,5
12	12	11	13
14	13	12	13,5

* Gewöhnlicher Beton; Dichte 2,3.

Tabelle I.3.5. *Gemessene Relaxationslängen verschiedener Neutronenquellen*

Art der Neutronenquelle	λ in		
	Wasser cm	Paraffin cm	Beton cm
$H^3(d, n)$ He (14 MeV)	14		
Uranspaltung	10		11
(Ra + Be)......	9,3	9,3	
(Ra + B)......		6,6	
(Po + Be)......	7,2	6,2	
(Po + B)......	6,2	5,2	

Sucht man die Dosis, zu der auch die gestreuten Neutronen beitragen, dann gilt für ebene Geometrie

$$DL(x) = D(o) \cdot B(x) \cdot e^{-\Sigma_{W_A} \cdot x}$$

$B(x)$: Aufbaufaktor.

Bei Abschirmvorrichtungen, die viel Wasserstoff enthalten, steigt $B(x)$ in den ersten Relaxationslängen an und bleibt dann konstant (~ 10), sobald sich ein Gleichgewicht zwischen der Primärkomponente und der gestreuten Strahlung einstellt.

Für $B(x)$ existieren wenige Messungen:

B_∞ für (Po + Be)-Quelle in H_2O und Paraffin $= 5$

B_∞ für 14 MeV-Neutronen in $H_2O \sim 5$.

Zusammenfassend darf man bei größeren Schichtdicken die in Tabelle I.3.4 und I.3.5 benutzten Werte benutzen und für $B(x) \sim 5$ einsetzen.

Beispiel: „Kleiner" Neutronenbeschleuniger aus Abschnitt I.2.3.

Techn. Daten: $E_n = 14$ MeV; Quellstärke $= 2 \cdot 10^9$ Neutron/s. Fluß J in 1 m Abstand $J = 1,6 \cdot 10^4$ Neutronen/cm² · s. Max. Toleranzstrom für 14 MeV-Neutronen: 50 Neutronen/cm² · s.

Man berechne die Dicke der Wasserabschirmung, die auf der hinteren Seite den max. Toleranzstrom garantieren soll, bei einem primären Fluß von $1,6 \cdot 10^4$ Neutronen/cm² · s.

$$\frac{J_0}{J} = \frac{1,6 \cdot 10^4}{50} = 320$$

$$\ln 320 \sim \ln 5 \cdot \Sigma_{W_A} \cdot x$$

Σ_{WA} gemäß Messung Tab. I.3.5. $\sim 1/14$ cm^{-1} in Wasser.

Daraus berechnet sich folgende Abschirmtiefe (Wasser) für die gewünschte Schwächung

$x \sim 50$ cm Wasser.

Literatur

[1] GLASSTONE, S.: Principles of Nuclear Reactor Engineering. New York: D. van Nostrand 1955.
[2] ROCKWELL III, TH.: Reactor Shielding Design Manual. New York-Toronto-London: Mc Graw-Hill 1956.
[3] WILSON, C. W.: Radium Therapy, Its Physical Aspects. London: Chapman and Hall, Ltd. 1945.
[4] WIRTZ, K., u. K. H. BECKURTS: Elementare Neutronenphysik. Berlin-Göttingen-Heidelberg: Springer 1958.
[5] SNYDER, N. S.: Nucleonics 6, 2, 46 (1950).
[6] FANO, U.: Nucleonics 11, 8, 8 (1953) und 11, 9, 55 (1953).
[7] ALBERT, R. D., u. T. A. WELTON: WAPD-15 (1950); siehe auch [4].

II. Detektoren zum Nachweis und für die Spektroskopie der Kernstrahlung

Einleitung

Die Kernphysik hat eine eigene Meßtechnik entwickelt. Ein kurzer geschichtlicher Rückblick läßt es offenbar werden, wie eng die Fortschritte dieser Wissenschaft mit der Meßtechnik verbunden sind. Einige klassische Beispiele mögen als Beweisführung genügen.

Nur durch die stete Entwicklung der Wilson-Kammer-Technik ist es ANDERSON [1] (1933) geglückt, das Positron [2] zu entdecken. Wenn er sich dabei noch eines Magnetfeldes bediente, das ihm die Trennung des Positrons von dem Elektron ermöglichte, so wird die Rolle der komplett ausgerüsteten „Wilson-Kammer" keineswegs herabgemindert.

Geradezu stürmisch ist, als weiteres Beispiel gedacht, die Entwicklung der *photographischen Methode* vor sich gegangen. BLAU [3] hat schon 1925 über photographische Platten berichtet, in denen er Alphateilchen-Spuren beobachten konnte. Überschattet durch die vehemente Entwicklung der elektronischen Zähler wie das *Proportionalrohr* oder das Geiger-Müller-Rohr blieb diese Technik völlig vergessen, bis um etwa 1945 eine Gruppe in Bristol die systematische Züchtung von hochsensiblen Emulsionen aufgenommen hat, die es gestatten, Teilchen auch in der Gegend der minimalen Ionisation sichtbar zu machen. LATTES, OCCHIALINI und POWELL [4] haben damit den damals „dramatischen" π-Mesonen-Zerfall gefunden. Die photographische Methode gestattet es, nicht nur die Teilchen auszumessen, sondern auch anhand verschiedener Spurenmerkmale zu identifizieren.

In der folgenden Abb. II.1.1 wird der jährliche Fortschritt in bezug auf Empfindlichkeit der Emulsion, 1947 bis 1949, demonstriert.

Ähnliche Überlegungen könnten auch bei der Entdeckung der Antiteilchen wie Antiproton oder Antineutron angeführt werden.

Nicht alle Methoden der kernphysikalischen Meßtechnik beanspruchen noch das gleiche aktuelle Interesse und für viele Einzelheiten muß in dieser kurzen Zusammenfassung auf die Spezialliteratur verwiesen werden.

Die Auslese der zu behandelnden Detektoren erfolgte nach folgenden Gesichtspunkten: Häufigkeit der Anwendung in der aktuellen Kernphysik unter Vernachlässigung der speziellen Aspekte der Hoch-Energie-Physik, und Bevorzugung derjenigen Instrumente, die vorwiegend für die Teilchen-Spektroskopie eingesetzt werden.

In den ersten Gruppen sind die Instrumente vereinigt, die man zu den gasgefüllten Zählern und Kammern zählt, in denen durch das primäre Teilchen geladene Teilchen entstehen, die mit Hilfe eines elektrischen Feldgradienten an den entsprechenden Elektroden gesammelt werden.

Eine erste Untergruppe davon umfaßt die „Zähler", die von einem ionisierenden Ereignis einen „Ladungs-Impuls" liefern, dessen Höhe proportional der primären Ionisation ausgebildet ist. (Beispiele: Ionisationskammer, Proportionalrohr). Bei den sogenannten Proportionalzählern wird allerdings noch ein innerer Verstärkungseffekt, die sog. Gasverstärkung, ausgenützt.

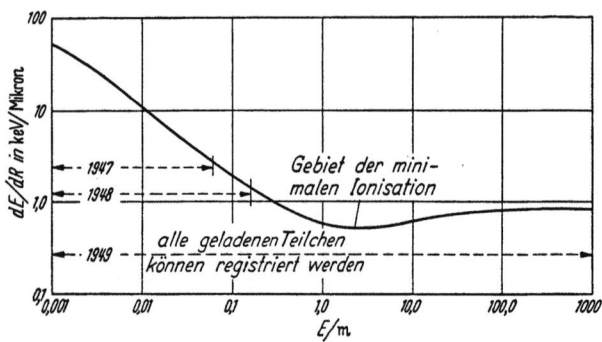

Abb. II.1.1. Energieverlust durch Ionisation eines einfach geladenen Teilchens in Abhängigkeit von seiner kinetischen Energie, ausgedrückt in Einheiten der Ruhemasse. Die gestrichelten Linien zeigen die Entwicklung der Sensibilität in den Jahren 1947 bis 1949

Dagegen besteht bei dem sicher am weitverbreitetsten Geiger-Müller-Zähler (abgekürzt G.M.-Rohr) keine Proportionalität zwischen Impulshöhe und primärer Ionisation. Der Name „Auslösezähler", der dem Mechanismus angepaßt ist, beschreibt die Verhältnisse richtig. Ein Elektron genügt, um die Entladung auszulösen. Besonders kritisch muß hier der Löschmechanismus der Entladung diskutiert werden, der wegen seiner Kompliziertheit und Unübersichtlichkeit noch vor wenigen Jahren Gegenstand eingehender Untersuchungen war.

Das G.M.-Rohr registriert nur; eine Spektroskopie des primären Teilchens ist dabei nicht möglich.

Die späteren Ausführungen beschränken sich daher beim G.M.-Rohr auf die wesentlichsten Informationen, die für das Verständnis notwendig sind.

Ein Hauptinteresse beansprucht der *Szintillationszähler* mit seinem weiten Anwendungsbereich, der sich nicht in der einfachen Teilchen-Spektroskopie erschöpft. Vielmehr lassen sich mit diesem Baustein unzählige zusammengesetzte Instrumente erstellen. In bezug auf Schnelligkeit, Auflösungsvermögen und Einfachheit der Handhabung wird dieses „Meßprinzip" kaum übertroffen. Nur die an Aktualität gewinnende „Halbleiter-Impuls-Meßtechnik"* könnte als ernsthafter Konkurrent angesprochen werden.

Ein besonders wichtiges Problem bildet die Frage nach der Form der Impulse von Szintillationszählern, aber auch der von Ionisationskammern und Proportionalrohre, wenn sie einen Verstärker durchlaufen haben. Die Effekte der verschiedensten Netzwerke auf die Impulsverformung werden mit Hilfe der Laplace-Transformation in Anwendung auf die Impulstechnik studiert. Da es sich um ein ganz allgemeines Verfahren handelt, lohnt es sich, diesem einen breiteren Raum zu gewähren.

Einen ganz anderen Aspekt weisen die Nachweismittel: *Kernfotoplatte*, *Blasen-* und *Funken-Kammer* auf. Gemeinsam für die Behandlung im Vergleich zu der ersten Kategorie bleibt der primäre Abbremsprozeß von ionisierenden Teilchen, der natürlich entsprechend der Bremssubstanzen zu verschiedenen Energie-Reichweite-Kurven führt. In allen drei Registriergeräten wird die ionisierte Spur eines geladenen Teilchens optisch sichtbar.

Hier müßte auch die Wilson-Kammer erwähnt werden, die in der Form der kontinuierlich tätigen Kammer (Diffusionskammer) gegenüber der ursprünglichen, mit einmaliger Expansion arbeitenden Kammer, einige Fortschritte erzielt hat. Die Anwendung in der experimentellen Kernphysik ist aber derart auf Kosten der vorher erwähnten neu entwickelten Instrumente zurückgegangen, daß hier nicht weiter davon gesprochen werden soll. (Für interessierte Leser siehe [5].)

In eine weitere Klasse gehören die zusammengesetzten Instrumente, die in der Regel alle Komponenten besitzen und zusätzlich für die Führung, Fokussierung und Separierung der geladenen Teilchen magnetische und elektrische Felder benutzen.

II.1. Der Ionisationsprozeß

II.1.1. Primäre Ionisation

Der Energieverlust geladener Teilchen, die durch Materie gehen, ist klassisch von BOHR, quantenmechanisch von BETHE und BLOCH und später von FERMI berechnet worden. Alle theoretischen Ansätze betrachten die elektromagnetische Wechselwirkung der geladenen Teilchen mit den Elektronen der betreffenden Bremsatome. Man teilt die durch die Zusammenstöße herausgeworfenen Elektronen entsprechend ihrer mitgeführten Energien in „Photoelektronen" und „Knock-on"-Elektronen ein, wobei die ersteren eine sehr kleine kinetische Energie im Gegensatz zu den Teilchen der zweiten Gruppe

* Semiconductor nuclear diode.

besitzen, die durch nachfolgende Kollisonen in der Lage sind, weitere Ionen zu bilden.

Die Ionen, die durch einen Zusammenstoß mit dem primären Teilchen entstanden sind, werden als primäre Ionisation bezeichnet, im Gegensatz zu den übrigen Ionen, die über Sekundäreffekte entstehen.

Die „Bremsformeln" sind für schwere Teilchen (Protonen, Neutronen und andere mehr) verschieden von denen für Elektronen.

Die bekannteste „Bremsformel" von BETHE und MØLLER

$$-\frac{dE}{dx} = \frac{4\pi^4 z^2}{m v^2} \cdot NZ \left[\ln \frac{2 m v^2}{I} - \ln(1-\beta^2) - \beta^2\right] \quad (1)$$

wobei
- e: Elektronenladung
- m: Elektronenmasse
- ze: Ladung des „schweren" Teilchens
- NZ: Anzahl Elektronen pro Volumeneinheit der Bremssubstanz
- β: $\beta = v/c$ c: Lichtgeschwindigkeit
- v: Geschwindigkeit des „schweren" einfallenden Teilchens
- I: mittleres Anregungspotential

bedeuten, gilt nur für schwere Teilchen. (Als weitere Einschränkung kommt dazu: nur gültig, wenn $v \gg v_K$ (v_K bedeutet die Geschwindigkeit der in der K-Schale sich befindenden Elektronen).

Das mittlere Anregungspotential I geht linear mit der Kernladungszahl.

Tabelle II.1.1. *Anregungspotential I in Abhängigkeit von Z*

Z	Element	I (ev)	I/Z
1	H	15,6	15,6
3	Li	34,0	11,3
4	Be	60,4	15,1
6	C	76,4	12,7
13	Al	150	11,5
26	Fe	241	9,3
29	Cu	276	9,5
47	Ag	418	8,9
50	Sn	463	9,2
74	W	655	9,2
82	Pb	705	8,6
92	U	811	8,8

Eine analoge Bremsformel [6] existiert für Elektronen als primäre Teilchen:

$$-\frac{dE}{dx} = \frac{2\pi e^4}{m v^2} NZ \left\{\ln \frac{m v^2 E}{2 I^2 (1-\beta))} - \right. \quad (2)$$
$$\left. - \left(2\sqrt{1-\beta^2} - 1 + \beta^2\right)\ln 2 + 1 - \beta^2 + \frac{1}{8}\left(1-\sqrt{1-\beta^2}\right)^2\right\}.$$

Formel (1) und (2) geben innerhalb von 10% für Protonen und Elektronen derselben Geschwindigkeit dieselben Resultate.

Für kleine Geschwindigkeiten kann Gl. (2) auch folgendermaßen geschrieben werden:

$$-\frac{dE}{dx} = \frac{4\pi e^4 NZ}{mv^2} \cdot \ln \frac{mv^2}{2I} \sqrt{\frac{e}{2}}. \tag{3}$$

(Für den praktischen Gebrauch benütze man die in den phys. Handbüchern, Tabellenwerken u.a.m. aufgetragenen Werte.)

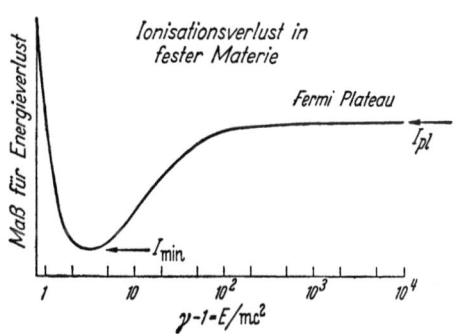

Abb. II.1.2. Qualitativer Verlauf der Energie-Verlust-Kurve in Abhängigkeit von der Primär-Energie in E/mc^2-Einheiten

Für den unmittelbaren Gebrauch, nämlich die Berechnung der Ionisationsverluste geladener Teilchen in Gasen, eignet sich die neueste Darstellung von STERNHEIMER [7] und BUDINI [8].

Schwere Teilchen:

$$-\frac{1}{\varrho} \cdot \frac{dE}{dx} = \frac{A}{\beta^2} [B + 0{,}69 + 2\ln p/\mu c + \ln E_{\max} - 2\beta^2 - \delta] \tag{4}$$

$$E_{\max} = \frac{E^2 - \mu^2 c^4}{\mu c^2 \left(\mu/2m + m/2\mu + E/\mu c^2\right)}.$$

Für Elektronen:

$$-\frac{1}{\varrho} \cdot \frac{dE}{dx} = \frac{A}{\beta^2} [B + 0{,}43 + 2\ln p/mc + \ln E'_{\max} - \beta^2 - \delta] \tag{5}$$

$$E'_{\max} = \frac{1}{2}(E - mc^2)$$

ϱ: Dichte g/l bei N.T.P.

μ: Teilchenmasse p: Teilchenimpuls $\beta = v/c$

m: Elektronenmasse

$E_{\max}$: maximale Energieübertragung in MeV-Einheiten

A, B: Konstante, abhängig vom Material
δ: Parameter der Ionisationsdichte (siehe Formel 6)

$$\left.\begin{array}{l}\delta = 4{,}606\,X + C + a(X_1 - X)^m \\ \delta = 4{,}606\,X + C\end{array}\right\} \begin{array}{l}\text{für } X_0 < X < X_1\,* \\ \text{für } X > X_1\end{array} \quad (6)$$

$X = \ln p/\mu c$.

Tabelle II.1.2. *Konstante, die für die Berechnung des Energieverlustes von geladenen Teilchen in verschiedenen Gasen benötigt werden nach Gleichung* (4), (5) *und* (6)

Gas	A (MeV/g/cm^2)	B	$-C$	a	m	X_1	X_0	ϱ (g/l) (bei N.T.P.)
H_2	0,1524	21,07	9,50	0,505	4,72	3	1,85	0,08988
He	0,0767	19,39	11,18	2,13	3,22	3	2,21	0,17847
N_2	0,0768	17,94	10,68	0,125	3,72	4	1,86	1,25055
O_2	0,0768	17,67	10,80	0,130	3,72	4	1,90	1,42904
Ne	0,0761	17,23	11,72	0,258	3,18	4	2,14	0,90035
A	0,0692	16,09	12,27	0,0255	4,36	5	2,02	1,7837
Kr	0,0661	14,56	13,12	0,0771	3,57	5	2,12	3,708
Xe	0,0632	13,70	13,57	0,150	3,07	5	1,90	5,851
CH_4	0,0958	19,37	9,56	0,0552	4,22	4	1,55	0,7168
$(CH_2)_2$	0,0876	18,95	9,52	0,0700	3,94	4	1,54	1,2604
$(CH)_2$	0,0826	18,65	9,95	0,0841	3,91	4	1,61	1,173
CO_2	0,0768	17,82	10,32	0,0865	4,03	4	1,72	1,9769

Angaben über die verschiedenen Konstanten für verschiedene Gase sind in Tabelle II.1.2 enthalten.

II.1.2. Reichweite — Energie — Kurven

Wenn ein bekanntes Teilchen in dem bremsenden Medium stekken bleibt, so liefert diese Reichweite R ein präzises Kriterium für die Energiebestimmung E des Teilchens.

Während bei den gasgefüllten Zählern wie auch bei den Szintillationskristallen diese Reichweite wichtig ist, um Randeffekte zu verhüten (Eintritt in die Zählrohrwand oder Verlassen des Einkristalles) und damit eine einwandfreie Impuls-Spektroskopie zu gewährleisten, bildet die Reichweite-Energie-Ausmessung das Rückgrat aller Meßmethoden, die es optisch gestatten, die in Emulsionen, Gasen oder überhitzten Flüssigkeiten sichtbar gemachten Ionisationsspuren längs des ionisierenden Teilchendurchgangs auszuwerten.

Auf die theoretisch errechneten und experimentell sichergestellten Reichweite-Energie-Kurven für verschiedene primäre Teilchen und

---

* X_0 entspricht dem X-Wert, der einem Impuls zugeordnet wird, bei dem $\delta = 0$ wird.

X_1 entspricht Werten, bei denen δ und X als linear angesehen werden können.

die sich daraus ergebenden Analogie-Gesetze wird im Abschnitt Kernfotoplatten-Technik hingewiesen.

Die Formel Gl. (1) für den Energieverlust kann in folgender Form vereinfacht angeschrieben werden:

$$I = \frac{n_e z^2}{\beta^2} \cdot F(I, \beta) = \left|\frac{dE}{dx}\right| \quad (7)$$

wobei $n_e = N \cdot Z$ die Anzahl Elektronen pro Volumeneinheit und I das mittlere Anregungspotential bedeuten.

Die Reichweite wird dann aus der Integration des Ausdruckes $\frac{dE}{|dE/dx|}$ längs des Restweges des Teilchens erhalten.

$$R = \int_E^0 \frac{dE}{I} = \frac{M}{n_e z^2} \int_\beta^0 F_1(I, \beta) \, d\beta = \frac{M}{z^2} \cdot F_2(\beta) \quad (8)$$

vorausgesetzt, daß n_e bestimmt ist und I nur von β abhängt.

Für eine Klasse von Teilchen mit derselben Ladung (beispielsweise einfach geladene Teilchen) ist R/M nur eine Funktion der Geschwindigkeit. Gl. (8) kann für die Herstellung von neuen Reichweite-Energie-Tabellen auch in die Form

$$\frac{R}{M} = \frac{1}{z^2} \cdot F_3\left(\frac{E}{M}\right)$$

gebracht werden.

II.1.3. Sekundäre Inonisationseffekte

Die sekundären Ionisationsprozesse und die Bremsvorgänge, die nicht direkt zur Bildung von Ionen führen, sind sehr wichtig. Man kann sogar abschätzen, daß ungefähr die Hälfte der Abbremsenergie in Gasen zu anderen Reaktionen führt.

Am bekanntesten sind die sog. δ-Strahlen. Handelt es sich bei der primären Strahlung um schwere Teilchen, so werden längs der ionisierten Spur Sekundärelektronen herausgeworfen. Das δ-Strahlen-Spektrum kann mit Hilfe der Rutherfordschen Streuformel berechnet werden. Die Anzahl der δ-Strahlen pro Wegeinheit der ionisierenden Spur hängt quadratisch von der Ladung des einfallenden Teilchens ab. Mit der photographischen Methode läßt sich diese Größe dn/dx ausmessen. Damit können Rückschlüsse auf die Eigenschaften der einfallenden Strahlung gezogen werden.

Besonders hervorzuheben sind die optischen Übergänge. Ihre Häufigkeit dürfte verständlich sein, wenn die mittlere Ionisationsenergie für die Bildung eines Ionenpaares bei Gas-Atomen oder Molekülen in Betracht gezogen wird. Die elektromagnetische Strahlung von angeregten Atomen, Ionen oder Molekülen wird in der Regel durch die Zählrohr- oder Kammerbegrenzungswände absorbiert und produziert dort durch den Photoeffekt eine kleine Zahl von Elektronen. Der weitaus größere Anteil rührt von der Photoproduktion der Ionen in der Gasfüllung her.

Diese sog. „Photoionisation" durch weiche γ-Strahlung kann in „reinen" Gasen nicht entstehen, vielmehr dürfte dieser Prozeß in Gasgemischen eine gewisse Rolle spielen, wobei allerdings kaum experimentelles Material in bezug auf die Ionisationskammer vorliegt.

Der strahlungslose Übergang, bei dem die Energie durch die sog. „Auger"-Elektronen mitgenommen wird, müßte als Hauptkonkurrenzreaktion zu der γ-Emission bei den Edelgasen Argon und Neon angesprochen werden. Damit ist ein sehr effektiver Mechanismus für die Erzeugung von Sekundärionen vorhanden.

Metastabile Atome in Edelgasen, formiert durch einen Primärprozeß, weisen unter Umständen eine Lebensdauer von einer Sekunde auf. Die angeregten Atome können aber auch durch Zusammenstöße mit Verunreinigungen im Gas oder mit einer festen Oberfläche ihre Energie verlieren und dabei Elektronen aussenden.

Die besondere Rolle der zweiatomigen Moleküle wird beim Löschprozeß des G.M.-Rohres diskutiert.

II.1.4. Totale Ionisation in Abhängigkeit von der Energie

Bei Gasen ist in sehr guter Näherung der lineare Zusammenhang zwischen der Anzahl der gebildeten Ionenpaare in Abhängigkeit von der Energie erfüllt, wenn als primäre Teilchen Elektronen angenommen werden.

$$I = \frac{E}{w}$$

w: mittlere Energie (eV), die gebraucht wird, um ein Ionenpaar zu erzeugen.

Die aus vielen Messungen gemittelten w-Werte schwanken je nach Gas zwischen 21,9 eV (Xenon) und 36,6 eV (Wasserstoff), wobei für Luft der Wert $w = 35{,}2$ eV angenommen werden darf.

Für Protonen und schwerere Teilchen (Beispiel α-Teilchen), sind die Resultate und Zusammenhänge komplizierter, doch besteht über kleinere Energiebereiche auch ein einfacher Zusammenhang wie oben angegeben.

Tabelle II.1.3. *Mittelwerte von w-Messungen in verschiedenen Gasen bei 5 MeV-α-Teilchen als Primärkomponente* [Zusammenstellung der Autoren siehe Hdb. der Physik 45, 15 (1958)].

Gase	Mittelwerte für w (eV)
Wasserstoff	36,6
Helium	44,4
Stickstoff	36,3
Sauerstoff	31,1
Neon	36,8
Argon	26,25
Krypton	24,1
Xenon	21,9
Luft	35,2
Kohlendioxyd	34,15
Methan	29,1

II.2. Elektronische Zähler und Meßgeräte

II.2.1. Ionisations-Effekte in gasgefüllten Zählrohren und Kammern

Das die Zählrohrwand durchdringende Teilchen wird im Gasraum weiter gebremst oder endet sogar darin. Die dabei entstehenden Ionen und Elektronen werden durch verschiedene Sekundäreffekte beeinflußt, die für das Verhalten des Detektors von größter Bedeutung sein können. Einen wesentlichen Aspekt bildet die sog. Beweglichkeit der Ionen resp. Elektronen, die sich im Prinzip um einen Faktor 1000 unterscheiden.

II.2.2. Ionenbeweglichkeiten

Positive Ionen werden immer durch ionisierende Strahlung gebildet. In elektronennegativen Gasen, von denen Sauerstoff das wichtigste ist, werden Elektronen sehr schnell angelagert und es kommt zur Bildung von negativen Ionen.

Bei Ionisationskammern mit Luftfüllung beispielsweise rührt der Impuls von der Bewegung der Ionen her. Ebenso wird der Anstieg des Proportionalrohr-Impulses und des G.M.-Rohres von Ionenverschiebungen her bestimmt, obschon freie Elektronen existieren.

Die Driftgeschwindigkeit $v_\pm$ von positiven und negativen Ionen für ein gegebenes Gas bei einem bestimmten Druck ist in guter Näherung proportional zu dem elektrischen Feld E.

$$v_\pm = \mu_\pm \cdot E \qquad E : V/cm$$
$$v_\pm : cm/s$$

$\mu_\pm$ wird Ionenbeweglichkeit genannt und in $cm^2/V \cdot s$ gemessen.

Beispiele: $\mu_\pm$ (positive Ionen) bei 1 Atm. Druck (760 Torr)

für $H_2 : 5-6$ $He : 5,1$ $A : 1,3$ Luft : $1,4 \, cm^2/V \cdot s$.

Für ein Gas und ein gegebenes elektrisches Feld kann die Beweglichkeit als umgekehrt proportional zum Druck angenommen werden. Es ist daher üblich, v in Abhängigkeit von E/p aufzuzeichnen, oder ein μ_0 zu definieren, gemäß $\mu = \mu_0 \cdot 760/p$, wobei μ_0 als Beweglichkeitskonstante die Geschwindigkeit eines Ions in cm/s für ein angelegtes Feld von 1 V/cm bei Atmosphärendruck und gewöhnlich 18° C bedeutet. Positive und negative Ionen weisen annähernd gleiche Beweglichkeiten* auf. Folgendes Beispiel zeigt die Größenordnung:

bei 1 Atm. Argon und einem Feld von 10^3 V/cm wird die positive Driftgeschwindigkeit $\sim 1,3 \cdot 10^3$ cm/s. Die Laufzeit durch eine Kammer von 1 cm Abstand würde $\sim 10^{-3}$ s betragen.

II.2.3. Elektronenbeweglichkeiten

Die Elektronenbeweglichkeiten lassen sich nicht wie die Ionenbeweglichkeiten in eine so einfache feld- und druckabhängige Form bringen. Vielmehr spielen die Zusammensetzung der Gase und viele komplexe Effekte, die man unter dem Sammelbegriff elastische Stromverluste zusammenfassen könnte, eine Rolle. Bei kleineren Driftgeschwindigkeiten in Edelgasen kann man ungefähr annehmen, daß dieselbe proportional zu der freien Weglänge und umgekehrt proportional zu der Wurzel der mittleren thermischen Bewegungsenergie der Umgebung geht. Mehratomige Moleküle, die als Verunreinigungen auftreten können, werden durch Kollisionen mit freien Elektronen zu Rotationsschwingungen angeregt, die wieder einem anderen Mechanismus der Elektronenlaufbehinderung entsprechen.

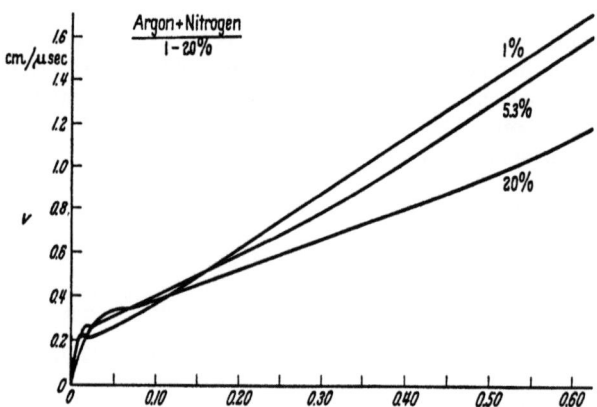

Abb. II.2.1. Argon + Stickstoff. Beispiel $X/p = 0,5$ V/cm/mm Hg; bei 1% Stickstoffzumischung $v = 1,4$ cm/μs

Wegen der Verlängerung der freien Weglänge bei CO_2-Gasen, steigt bei festem X/p-Verhältnis und bei kleinen 5—10%-CO_2-Beimischungen zu reinen Gasen die Driftgeschwindigkeit v stark an.

---

* Beispiel: Argon: μ_+:1,3 μ_-:1,7
Luft: μ_+:1,4 μ_-:1,9 in cm²/$V \cdot$ s.

Dieser CO_2-Effekt äußert sich im längeren Betriebsstadium auch bei selbstlöschenden G.M.-Zählrohren, bei denen die sog. „Lösch-Moleküle"* in Form von mehratomigen Molekülen, die dem reinen Gas in Beimischungen bis zu 10% beigegeben sind, sich unter Bildung vieler Fraktionen zersetzen.

Allgemein muß die Elektronendriftgeschwindigkeit um einen runden Faktor 1000 größer als die entsprechende Ionendriftgeschwindigkeit angenommen werden.

(Beispiel: Argon: $X/p \sim 1$ $v \sim 5 \cdot 10^6$ cm/s).

Der sog. „CO_2-Effekt" kann sehr deutlich aus den Kurvendarstellungen (Abb. II. 1. 1 u. II. 2. 2) für die Driftgeschwindigkeit der Elektronen in Abhängigkeit von den X/p-Werten entnommen werden, wobei die Gasmischung als Parameter eingeht.

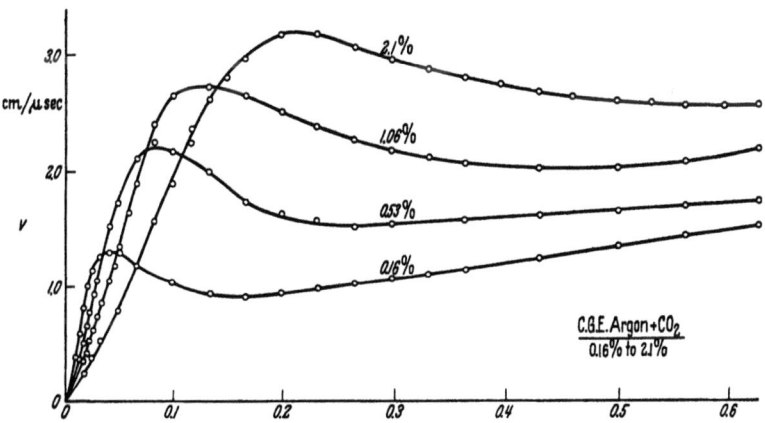

Abb. II.2.2.   Argon + CO_2. Beispiel: $X/p = 0,5$ V/cm/mm Hg. Beimischung 2,1% CO_2.
$v = 2,8$ cm/μs

II.2.4. Elektronen-Anlagerung

Langsame Elektronen können durch bestimmte Moleküle eingefangen werden. Der Wirkungsquerschnitt dieses Prozesses hängt von der Elektronenenergie und vor allem von dem Aufbau des Moleküls ab. Typische Vertreter für große Einfangquerschnitte sind die sog. elektronennegativen Gase wie O_2, die Halogene, NH_3, H_2O, N_2O, H_2S, SO_2, NO und HCl.

Sehr genau untersucht sind die Verhältnisse am Sauerstoff. Die Wahrscheinlichkeit h der Ionenformation durch einen einfachen Zusammenstoß zwischen Elektron und Molekül (h wird oft auch der

---
* In der Literatur oft „quenching" genannt.

Koeffizient der Elektronenanlagerung genannt) in Abhängigkeit von der Energie weist bei $E \sim 0{,}3$ eV, 2 eV und bei $E \sim 8$ eV (breites Maximum) typische Resonanzstellen auf, die auf verschiedene Einfangmechanismen hindeuten.

Bei ganz kleinen Elektronenenergien (0,3 eV) soll die Anlagerung $O_2 + e \rightarrow O_2^-$ stattfinden, bei 2 eV aber scheint das O_2-Molekül eine Resonanz-Anregung zu bekommen bei späterer Emission eines langsamen Elektrons, das wieder von einem anderen Molekül im unteren 0,3 eV-Bereich eingefangen wird. Bei den Energien über 5 eV kann das Molekül $O_2 + e \rightarrow O + O^-$ sogar aufgespalten werden. Beim Sauerstoff sind h-Werte in Resonanzgebieten bis zu 10^{-3} gemessen worden.

Es ist daher in der Praxis unbedingt darauf zu achten, daß die Füllgase möglichst frei von Sauerstoff sind. In der Literatur [9] werden viele Verfahren angegeben, wie eine solche Reinigung vorgenommen werden kann. Dazu gehört auch die Entfernung von Wasserdampf. Bei kleinen Elektronenenergien ($E \sim 0{,}8$eV) steigt in diesem Gas der h-Wert bis auf $\sim 10^{-3}$ an. Wasserdampf muß daher in Ionisationskammern ebenso gemieden werden wie Sauerstoff.

Einen Spezialfall bildet das Füllgas BF_3 in Neutronenzählern. Hier findet man sehr oft Verunreinigungen von SiF_4, das einen großen h-Wert aufweist. Um eine komplette Elektronensammlung zu gewährleisten, ist eine Reinherstellung notwendig (siehe [9]).

Um hier den scheinbaren Widerspruch zu den in Abschnitt II.2.3 gemachten Bemerkungen zu klären, sei eine beispielsweise 5%ige Beimischung von CO_2 zu einem Edelgas bei Anwendungen in Ionisationskammern nach wie vor empfohlen. Die Verringerung der Diffusion und die Erhöhung der Elektronenbeweglichkeiten heben den Nachteil eines vergrößerten h-Faktors mehr als auf.

Alle Überlegungen haben immer die Größenordnung der Effekte zu beachten.

Edelgase, N_2, CH_4, H_2 und D_2 fangen keine Elektronen ein.

Die durch Anlagerung entstehenden negativen Ionen sind sehr stabil und geben ihr überschüssiges Elektron nur sehr schwer ab. (Messungen zeigen eine Stabilität des O_2^--Ions bis zu X/p-Werten von 90 und mehr.)

Bei Proportionalrohren macht sich bei Sauerstoffbeimischungen der Elektronenverlust bemerkbar, abgesehen davon beeinträchtigt das träge Verhalten der negativen Ionen den Impulsanstieg, was sich besonders bei Koinzidenzmessungen auswirkt.

Ein weiteres Stoß-Problem, nämlich der Ladungsaustausch zwischen einem Ion und einem Molekül, der nur dann möglich ist, wenn das Ionisationspotential des positiven Ions größer ist als das des Moleküls, spielt nur beim G.M.-Rohr eine Rolle. Bei einer Gasmischung Argon+Alkohol mit den entsprechenden Ionisationspotentialen 15,7 resp. 11,5 eV (eine übliche G.M.-Rohr-Gaszusammensetzung), zeigt das Argon-Ion große Neigung, ein Elektron beim Stoß mit dem Alkoholmolekül aufzunehmen. Dabei bildet sich ein neutrales Atom und ein Alkoholion. Dieses Alkoholion zeigt beim Auftreffen auf die Zählrohrwand spezielle Eigenschaften, die für das Löschverhalten des G.M.-Rohres entscheidend sind und im entsprechenden Abschnitt diskutiert werden. Anders ausgedrückt: beim G.M.-Rohr wandeln sich die ursprünglichen Argon (resp. Edelgas-)-Ionen in Ionen des Alkohol-Moleküls um.

II.2.5. Rekombination von Ionen und Elektronen

Positive Ionen können bei Stößen mit negativen Ionen oder Elektronen rekombinieren. Wird mit n_+ die Zahl der positiven Ionen pro cm³ bezeichnet, so läßt sich deren zeitliche Abnahme mit der Differentialgleichung

$$\frac{dn_+}{dt} = -\alpha \cdot n_+ \cdot n_-$$

beschreiben.

n_-: Zahl der negativ geladenen Teilchen pro cm³

α: Rekombinationskoeffizient (abhängig von Gasart, Druck und Temperatur).

In der Technik der Ionisationskammern unterscheidet man entsprechend den geometrischen Bedingungen des Ionenvorkommens:

Volumen-Rekombination → Ionen verteilt im Volumen
Kolonnen-Rekombination* → große Ionendichte längs einer ionisierenden Spur wie Alphateilchen

und die sog.

„Preferential"-Rekombination**, die nur bei hohen Drücken und kleiner Elektronengeschwindigkeit eine Rolle spielt.

Weitere Fälle betreffen die Rekombination von positiven Ionen und Elektronen und schließlich positive Ionen mit negativen Ionen. Die Größenordnung der Elektron-Ion-Rekombinationskoeffizienten in den verschiedenen Gasen ist aus Tabelle II.2.1 ersichtlich.

Für die Übersicht über diese möglichen Kombinationen genügen einige Bemerkungen, die die Größenordnung der Effekte berühren.

---

* Klassische Arbeit über Kolonnen-Rekombination. JAFFÉ, G.: Ann. Physik 42, 303 (1913).
** auf deutsch: bevorzugte Rekombination, wenn die Parameter Druck und Geschwindigkeit geeignete Werte annehmen.

Im allgemeinen spielen die Rekombinationseffekte keine Rolle, so lange bei den Edelgasen keine elektronennegativen Verunreinigungen vorhanden sind. Eine differenzierte Betrachtungsweise der „Strom-Ionisations-Kammer" und der Impuls-Kammer in bezug auf Auswirkung von Rekombinationseffekten muß später durchgeführt werden (Abschnitt II.3.2). Im ersten Falle vermindert eine ev. stattfindende Rekombination den Kammerstrom. In einer Impulskammer mit Elektronensammlung wirkt sich der ev. Elektronenverlust in der Impulsgröße aus; ob eine Rekombination stattfindet, ist unerheblich.

Tabelle II.2.1. *Elektron-Ion - Rekombinations - Koeffizienten α für verschiedene Gase*

Gas	α cm³/s
H_2	$<3 \cdot 10^{-8}$
H_2	$\sim 5{,}9 \cdot 10^{-11}$
He	$1{,}7 \cdot 10^{-8}$
N_2	$1{,}4 \cdot 10^{-6}$
O_2	$2{,}7 \cdot 10^{-7}$
Ne	$2{,}1 \cdot 10^{-7}$
A	$8{,}8 \cdot 10^{-7}$
A	$1{,}1 \cdot 10^{-6}$

In der Praxis spielen die Rekombinationseffekte eine unbedeutende Rolle, solange die Vorsichtsmaßnahmen in bezug auf die Zusammensetzung und Reinheit der Gase beobachtet werden.

II.2.6. Die elektrostatische Impulsbildung bei Ionisationskammern und -Zählern

In allen gasgefüllten Zählern und Kammern spielen sich elektrostatisch gesehen folgende zwei Prozesse ab: Separation der Ionen und Sammlung derselben an den entgegengesetzt geladenen Elektroden.

Bei einer sog. „integriert messenden Stromkammer" beansprucht die Aufgliederung des Problems in verschiedene Phasen kein allzu großes Interesse, da hier nur darauf geachtet werden muß, daß die Verluste durch Diffusion und Rekombination nicht zu groß werden.

Anders aber liegen die Verhältnisse bei der Impulskammer. Das Spannungs-Zeit-Verhalten eines Impulses, dessen maximale Höhe genau proportional der Anzahl der in der Kammer produzierten Ionenpaare sein soll, ist sehr wichtig auch im Hinblick auf die Ankopplung an einen Verstärker, an dessen Verstärkungsgrad, wie eine einfache Abschätzung zeigt, erhebliche Ansprüche im Falle der Ionisationskammer (innere Gasverstärkung = 0) zu stellen sind.

Ein Po-Alpha-Teilchen von $E = 5{,}3$ MeV werde in einer mit Argon ($w = 26{,}3$ eV) gefüllten Kammer abgebremst. Die Größe das Signals bei einem sehr großen Ableitungswiderstand und bei einer Gesamtkapazität des Systems von 20 pF (Kammerkapazität + Streukapazität) berechnet sich zu

$$\Delta V = \frac{n \cdot e}{C} = 1{,}6 \; mV$$

n: Anzahl der gebildeten Ionen $n = E_a/w$

$$n = \frac{5{,}3 \cdot 10^6}{26{,}3} = 2 \cdot 10^5 \; Ionen.$$

Um das normierte Ausgangssignal von 100 V zu erreichen, muß ein Verstärker mit dem Verstärkungsgrad von $\sim 6 \cdot 10^4$ dazwischen geschaltet werden. Über die Impulstechnik und auch die Ankopplung wird später berichtet.

Die Einteilung in „schnelle und langsame" Kammern oder Zähler wird leicht verständlich, wenn noch einmal die um $\sim 10^3$ verschiedenen Beweglichkeiten der Ionen und Elektronen in das Gedächtnis gerufen werden.

Wird beispielsweise für spezielle Experimente mit Alphastrahlen die Gesamtsammelzeit der Ionen bei jedem Impuls abgewartet ($t \sim 10^{-2}$ s), dann muß aus einfachen Überlegungen heraus die Ankopplungszeitkonstante $\gg$ als $t = 10^{-2}$ s sein. Eine schnelle Zählung von Impulsen ist in dieser Anordnung unmöglich; man würde den Aufbau des nächsten Impulses durch den vorangehenden Impuls beeinflussen. Zudem könnten sich wegen der Zeitkonstante alle Mikrofonieeffekte sehr störend bemerkbar machen. Nützt man dagegen nur die Elektronenkomponente mit einer ungefähren Sammelzeit von $t \sim 10^{-5}$ s aus, dann wird der Impuls kleiner, aber auch die Bandbreite des Verstärkers (Ankopplung $\sim RC \sim 10^{-5}$ s).

Diese Anordnung „schnelle Kammer" soll im folgenden eingehend besprochen werden.

Um ein Resultat der elektrostatischen Betrachtung nach dem Satz von GREEN vorwegzunehmen, so soll die induzierte Ladung auf eine gegebene Elektrode proportional zu der Potentialdifferenz zwischen dem Entstehungspunkt der induzierenden Ladung in der Kammer und der anderen Elektrode sein. Offenbar spielen die Equipotentiallinien und ihr Verlauf die entscheidende Rolle für die Berechnung der induzierten Ladung.

Die geometrische Form der parallelen Plattenkammer resp. der koaxialen Rohre dürfte daher für die Unterscheidung maßgebend sein (ebenes Feld, zylindrisches Feld).

Um die Übersicht nicht unnötig zu komplizieren, wird im allgemeinen mit unbegrenzten Plattenkondensatoren und koaxialen Rohren gerechnet. Die Randeffekte werden aber diskutiert und der Einfluß abgeschätzt.

Für die nachfolgende Betrachtung nehmen wir an, daß ein Ionenpaar irgendwo in einer Kammer gebildet werde. Unter dem Einfluß des elektrischen Feldes trennen sich die Ladungen e^+ und e^-.

Es ist sinnvoll, die positive Elektrode mit dem Verstärker zu verbinden und den Ableitwiderstand R auf Erde so groß als möglich zu machen (theoretisch $R \to \infty$). Die totale Ausgangskapazität (Kammer + Verdrahtung + Ankopplung Verstärker) werde mit C bezeichnet. In der Fragestellung interessiert die Potentialschwankung der positiven Elektrode, wenn die negative Ladung gesammelt wird. Das simplifizierte Bild, daß bei der Ankunft der Ladung e^- das Potential sich um den Betrag $-e/C$ ändere, vernachlässigt die Induktionseffekte auf die Elektroden bei der Bildung des Ionenpaares.

Zur Zeit t nach der Ionenpaarbildung induzieren die positive und negative Ladung Ladungen $-q_+(t)$ und $-q_-(t)$ an der positiven Sammelelektrode, deren Potential $P_{(0)}$ ursprünglich 0 ist und dann den Wert

$$P_{(t)} = \frac{q_+(t) + q_-(t)}{C} \tag{1}$$

annimmt.

Die Zeitkonstante RC des Ankopplungskreises sei groß gegenüber der Zeit t, die im wesentlichen von der Beweglichkeit der gebildeten geladenen Ladungsträger abhängt.

Die auf der anderen Elektrode induzierte Ladung ist komplementär; das heißt die Impulse an den beiden Elektroden sind identisch in der Form, aber umgekehrt im Vorzeichen.

Bei der Ionenpaarbildung muß $q_-(0) = -q_+(0)$ und $P_{(0)} = 0$ sein.

Wenn das negative Teilchen nach der Zeit t_1 an der Elektrode gesammelt worden ist, muß die gesamte induzierte Ladung $q_-(t_1) = -e$ betragen. (Annahme: negative Ladung wird zuerst gesammelt.)

Nach Gl. (1) berechnet sich das Potential zur Zeit t_1

$$P_{(t_1)} = \frac{-e + q_+(t_1)}{C}. \tag{2}$$

Bei $t_2 > t_1$ wird auch das positive Ion gesammelt und da $q_+(t_2) = 0$ wird das Potential

$$P_{(t_2)} = -e/C. \tag{3}$$

Für den Gesamtimpuls müssen beide Ionenarten gesammelt werden. In der Regel werden aber mehr als ein Ionenpaar entstehen und der Spannungssprung wird eine Superposition dieser Einzelkurven darstellen, wobei t_1 und t_2 nicht so scharf definiert sind.

Dabei findet eine Verschiebung der im Gedankenexperiment festgehaltenen Kurven statt.

Das Problem, $q_+(t)$ und $q_-(t)$ für spezielle Geometrien, Ionentypen und Gasfüllungen zu berechnen, kann mit Hilfe des *Greenschen Theorems* der Elektrostatik relativ einfach gelöst werden.

Auf einem isolierten Leitersystem werden die Ladungen $q_1, q_2 \ldots$ aufgebracht, so daß die Potentiale $P_1, P_2 \ldots$ betragen.
Ersetzt man diese Ladungen und Potentiale durch $q_1', q_2' \ldots$ und $P_1', P_2' \ldots$, dann sagt das Theorem aus

$$\Sigma q_n P_n' = \Sigma q_n' P_n \qquad (4)$$

Voraussetzung: Kleine Potentialänderungen im Vergleich zu den Potentialdifferenzen zwischen den Leitersystemen.

Diese einschränkende Bedingung darf bei den hier besprochenen Detektoren als sehr gut erfüllt betrachtet werden.

Für ein Zweielektrodensystem soll die Beziehung (4) angewendet werden.

Annahme: Elektroden 1 und 2, Ladungen zwischen 1 und 2.

Die Ladung e soll auf einem gedachten, unendlich kleinen Gitter, genannt 3, sitzenbleiben.

Für die erste Potentialreihe nehmen wir $P_1 = P_2 = 0$ an und lassen P_3 frei.

Die entsprechenden Ladungen sind:

$$q_1, q_2 \quad \text{und} \quad q_3 = 0;$$

wobei q_1 und q_2 die induzierten Ladungen bedeuten.

Die zweite Potentialreihe, die man mit dem Ausdruck „Kammer in Betrieb" umschreiben könnte, betrage

$$P_1', P_2' \quad \text{und} \quad P_3', \quad \text{wobei} \quad q_3' = 0 \quad \text{wird.}$$

q_1 und q_2 sollen nicht näher spezifiziert werden.

P_3' stellt das Arbeitspotential in der Kammer auf der unendlich kleinen gedachten Elektrode dar.

Die Lage dieser Elektrode 3 fällt mit dem Ursprungsort der anfänglich vorhandenen Ladung e zusammen.

Nach GREEN: $\qquad q_1 P_1' + q_2 P_2' + e P_3' = 0 \qquad (5)$

Nebenbedingungen $P_1 = P_2 = 0$ und $q_1 + q_2 + e = 0$

$$q_1 = -e \frac{P_3' - P_2'}{P_1' - P_2'}, \qquad (6)$$

$$q_2 = -e \frac{P_1' - P_3'}{P_1' - P_2'}. \qquad (7)$$

Die induzierten Ladungen q_1 und q_2 sind proportional der Potentialdifferenz zwischen dem Ursprungsort der induzierenden Ladung und der anderen Elektrode.

Dieses Resultat soll auf eine Parallel-Platten-Kammer (schnelle Ionisationskammer) angewendet werden.

Bei der „schnellen Kammer" werden nur die freien Elektroden gesammelt, wobei $t_2 \gg RC \gg t_1$ wird.

Die Gleichung (1) reduziert sich zu

$$P_{(t)} = \frac{q_-(t) + Q_+}{C} \tag{8}$$

wobei $Q_+ = q_+(0) =$ konstant bleibt für die langsamen Ionen.

Der Impuls erreicht nach der Zeit t_1 sein Maximum, dann fällt er mit Zeitkonstante des Ankopplungsnetzwerkes RC ab ($RC \ll t_2$).

Die maximale Impulshöhe wird

$$P = \frac{-e + Q_+}{C} \tag{9}$$

und nicht $-e/C$.

Q_+ hängt vom Ort der Entstehung des Ionenpaares ab.

$P_{(+)}$ ist eine ortsabhängige Funktion;
nach dem Satz von GREEN:

$$q_+(0) = Q_+ = e\left(1 - \frac{x_0}{d}\right) = -q_-(0). \tag{10}$$

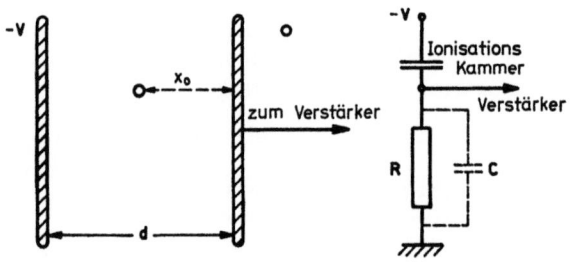

Abb. II.2.3. Parallel-Platten-Kammer

Zur Zeit t befindet sich das Elektron bei x, wobei

$$x_0 - x = vt \quad (v = \text{Elektronenlaufgeschwindigkeit})$$

bedeuten.

$$q_-(t) = -e\left(1 - \frac{x}{d}\right) \tag{11}$$

und nach Gl. (1) wird

$$P(t) = \frac{e}{C}\left[-\left(1 - \frac{x}{d}\right) + \left(1 - \frac{x_0}{d}\right)\right] = -\frac{e}{C} \cdot \frac{vt}{d}. \tag{12}$$

Gl. 12 stellt einen linearen Impulsanstieg bis zur Zeit $t_1 = x_0/v$ dar; dabei wird

$$P_1 = -\frac{e}{C} \cdot \frac{x_0}{d}. \tag{13}$$

Die elektrostatische Impulsbildung bei Ionisationskammern und -Zählern 37

Für $RC \gg t_2$ steigt $P(t)$ langsam weiter und erreicht den Endwert $-e/C$ nach einer Zeit von $t_2 \sim 1000\, t_1$.

Wird das RC-Glied kleiner gewählt als t_2 ($t_2 \gg RC \gg t_1$), dann fällt der Impuls exponentiell ab.

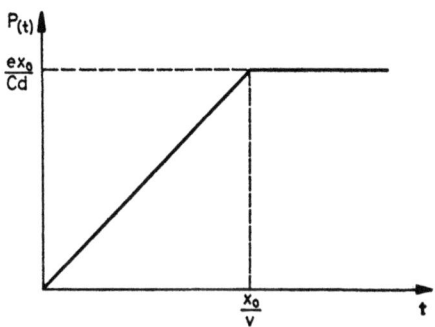

Abb. II.2.4. Idealisierter Impulsanstieg bei $RC \gg t_1$

$P(t)$ für $t < t_1$ (siehe (12)) enthält x_0 nicht; daher kann $P(t)$ für eine ausgedehnte Ionisationsspur mit der totalen Ladung Q die irgendwelche Orientierung in der Kammer annehmen kann, folgendermaßen angeschrieben werden:

$$P(t) = -\frac{Q}{C} \cdot \frac{v\,t}{d}. \tag{14}$$

Die Anfangs-Steigung eines solchen Impulses

$$\frac{dP}{dt} = -\frac{Q}{C} \cdot \frac{v}{d} \tag{15}$$

hängt auch nicht von der Orientierung und Lage der Ionisationsspur ab; vielmehr läßt sich daraus die totale Ionisierung messen.

$$Q = \int_{x_a}^{x_e} \varrho(x_0)\, dx_0 \tag{16}$$

x_a, x_e: Koordinaten Anfang/Ende der Spur
$\varrho(x_0)$: Ladungsdichte im Schwerpunkt

$$P_1 = -\frac{1}{C\,d} \int_{x_a}^{x_e} \varrho(x_0)\, x_0\, dx_0 \tag{17}$$

und dP/dt wird nach irgend einer Zeit nach der Sammelzeit t_3 des ersten Elektrons und vor der Sammelzeit t_4 des letzten Elektrons

$$\frac{dP}{dt} = -\frac{v}{C\,d} \int_{vt}^{x_e} \varrho(x_0) \cdot dx_0 \tag{18}$$

und
$$\frac{d^2 P}{dt} = \frac{v^2}{Cd} \cdot \varrho(vt) \tag{19}$$

$\varrho(vt)$ stellt einfach die Ionisationsdichte bei einer Distanz $vt-x_a$ gemessen vom Ende der Spur in x-Richtung dar.

Im Prinzip kann aus der Beobachtung eines Impulses auf die Reichweite-Energie-Bestimmung für ein typisches Teilchen und ebenso auf die totale Ladung geschlossen werden.

Aus Gl. 17, der allgemeinen Form für P_1, kann eine Formel für P_1 abgeleitet werden, in der anstelle des Weg-Integrals über die ionisierende Spur der Ladungsschwerpunkt x_{0S} eingeführt worden ist

$$P_1 = -\frac{Q}{C} \cdot \frac{x_{0S}}{d} \tag{20}$$

wobei x_{0S} aus einer einfachen Mittelung

$$x_{0S} = \frac{\int_{x_a}^{x_e} \varrho(x_0)\, x_0\, dx_0}{\int_{x_a}^{x_e} \varrho(x_0)\, dx_0} \tag{21}$$

erhalten werden kann.

Das Beispiel einer einfachen Parallel-Platten-Kammer mit Abstand d und eingeschleuster α-Quelle (aufgedampftes homogenes Präparat auf einer Elektrode) zeigt eine Anwendungsmöglichkeit von Gl. (20) und (21).

Alle Alphateilchen mit Reichweite R_0 werden im Gas der Kammer gebremst.

Wird der maximale Impuls mit 1 bezeichnet, so muß $p(P)\,dP$ berechnet werden, nämlich die Wahrscheinlichkeit, daß irgend ein Impuls im Gebiet P und $P + dP$ liegt.

Für die Reichweite-Energie-Beziehung führen wir $R \sim E^{3/2}$ ein und die Energie pro Ionenpaar w sei konstant.

Der Ladungs-Schwerpunkt liegt bei $2/5 \cdot R_0$ vom Ende der Spur an gerechnet. Für ein Teilchen, das unter einem Winkel Θ in bezug auf die Feldrichtung emittiert wird, kann für die Koordinate des Ladungsschwerpunktes angesetzt werden:

$$x_{0S} = d - \frac{3}{5} \cdot \frac{R_0}{d} \cdot \cos\Theta \tag{22}$$

$$P = 1 - \frac{3}{5} \cdot \frac{R_0}{d} \cdot \cos\Theta. \tag{23}$$

Die Emissionswahrscheinlichkeit in dem Winkelbereich Θ und $\Theta + d\Theta$ wird dann

$$p'(\Theta) \cdot d\Theta = p(P) \cdot dP \quad \text{und} \quad p'(\Theta) = \sin\Theta.$$

Daraus berechnet sich die Emissionswahrscheinlichkeit

$$p(P) = \frac{5\,d}{3\,R_0}. \qquad (24)$$

Die Gruppe erstreckt sich von $P = 1$ (maximale Impulshöhe) bis zu

$$P = 1 - \frac{3}{5} \cdot \frac{R_0}{d}.$$

(rechteckige Verteilung).

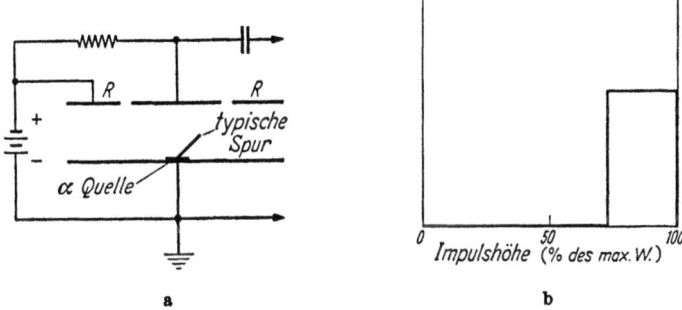

Abb. II.2.5. a) Parallel-Platten-Kammer mit Schutzringen. b) Idealisiertes Spektrum (siehe Gl. (23) und (24)) einer monoenergetischen Alphaquelle in einer Ionisationskammer, bei der nur die Elektronen (schnelle Komponente) beobachtet werden. (Siehe Ankopplung an Verstärker)

Mit Hilfe eines sog. „*Frisch-Gitters*"* kann die Ionisationskammer elektrostatisch in zwei Teile getrennt werden; in einem Teil befindet sich der Elektronenkollektor, im andern Teil werden die Ionen gebildet. Oder anders ausgedrückt: durch dieses eingeführte Gitter wird verhindert, daß innerhalb der Laufzeit der Elektronen im Gebiet der Kammer, wo die Ionen entstehen, ein merklicher Beitrag zur Signalbildung erfolgt. (Für eingehende elektrostatische Berechnungen siehe [*10*] für den Fall der Parallel-Platten-Kammer, und [*11*] für die zylindrische Geometrie.)

Für die zylindrische Geometrie (Koaxialzylinder mit r_a und r_i, Potential: Außenzylinder $- V$, Draht $(r_i) = 0$), berechnet sich $P(t)$ völlig analog nach dem Greenschen Theorem wie bei der Parallel-Platten-Kammer.

Ein Ionenpaar werde bei x_0 (Achsenabstand) gebildet. Das Feld im Abstand x beträgt

$$\frac{V}{x \ln \dfrac{r_a}{r_i}}$$

---

* Name nach O. R. FRISCH, der diese Maßnahme im Jahre 1945 im British Atomic Energy Report BR 49 vorgeschlagen hat.

Die Elektronen-Drift-Geschwindigkeit werde in der parabolischen Form $v = \text{constant} \cdot (X/p)^{1/2}$ geschrieben. (X: Feldstärke)

$$-\frac{dx}{dt} = K_- \cdot \left(\frac{V}{x \ln \frac{r_a}{r_i}}\right)^{1/2}.$$

Nach dem Theorem von GREEN:

$$q_-(x) = -e \cdot \frac{\ln \cdot r_a/x}{\ln \cdot r_a/r_i}, \tag{25a}$$

$$Q_+ = e \cdot \frac{\ln r_a/x_0}{\ln r_a/r_i}. \tag{25b}$$

Für $P(t)$ erhält man nach Einsetzen in Formel (8) und (12)

$$P(t) = -\frac{e}{C} \frac{\ln x_0 - \ln\left(x_0^{3/2} - \frac{3}{2} K_- \left[\frac{V}{\ln r_a/r_i}\right]^{1/2} \cdot t\right)^{2/3}}{\ln r_a/r_i} \tag{26}$$

wobei

$$t \text{ von } t = 0 \text{ bis } t_1 = \frac{x_0^{3/2} - r_i^{3/2}}{\frac{3}{2} K_- \cdot \left(\frac{V}{\ln \frac{r_a}{r_i}}\right)^{1/2}}$$

läuft.

Für die Diskussion des an und für sich unübersichtlichen Ausdruckes für $P(t)$ nach Gl. (26) empfiehlt es sich, eine Variabelntransformation ($P(t) \to P(\tau)$) vorzunehmen, bei der t_1 auf der τ-Skala 1 wird und für $\tau \sim 1$ $P(\tau) = 1$ gesetzt werden darf.

$$P(\tau) = \frac{2}{3 \ln \frac{r_a}{r_i}} \cdot \ln\left(\frac{1}{1-\tau}\right). \tag{27}$$

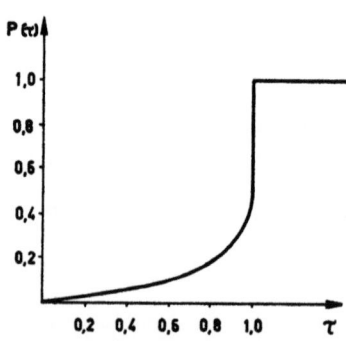

Abb. II.2.6. Zeitliche Darstellung der Impulsamplitude bei einem $r_a/r_i = 500$ und für ein Elektron, das an der Stelle $x_0 \sim r_a$, das heißt an der Zählrohrwand entsteht

Für den Fall $x_0 \gg r_i$ wird der größte τ-Wert $\left(1 - \left(\frac{r_i}{x_0}\right)^{3/2}\right)$ nahe bei 1 liegen. Abb. II.2.6 zeigt die zeitliche Ausbildung eines Impulses für die Annahme

$$x_0 = r_a \quad \text{und} \quad \frac{r_a}{r_i} = 500.$$

Der sehr starke Anstieg entspricht der Zeit, in welcher das Elektron das stark ansteigende Feld in Drahtnähe durchläuft.

Die Diskussion der Resultate für $P(t)$ (Gl. 26 und 27) zeigt, daß für große r_a/r_i-Werte P beinahe unabhängig von x_0 wird. In dem zylindrischen Rohr erreicht man ohne Kunstgriffe denselben Effekt wie in der Parallel-Platten-Kammer durch Einführung des „*Frisch-Gitters*".

Bei ausgedehnten ionisierenden Spuren kann die totale Impulshöhe P analog Gl. 20 und 21 berechnet werden:

$$P = -\frac{1}{C \ln r_a/r_i} \int_{x_a}^{x_e} \varrho(x_0) \cdot \ln \frac{x_0}{r_i} dx_0. \qquad (28)$$

(Das Integral erstreckt sich vom Anfang der ionisierenden Spur x_a bis Ende x_e.)

Der Zusammenhang P in Funktion vom Ladungsschwerpunkt x_{0S} läßt sich nur in der Näherung

$$\ln x_0/r_a = x_0/r_a - 1$$

(Ladungsschwerpunkt an der äußeren Zählrohrwand) einfach darstellen

$$P = -\frac{Q}{C}\left\{1 - \frac{1}{\ln \dfrac{r_a}{r_i}}\left(1 - \frac{x_{0S}}{r_a}\right)\right\} \qquad (29)$$

x_{0S} stellt einen kleinen Korrekturterm dar, der den maximalen Impuls $-Q/C$ kaum beeinflußt.

Dieses Resultat überrascht deshalb nicht, weil schon aus Abb. II.2.6 ersichtlich ist, daß bei einem großen r_a/r_i-Verhältnis von 500—1000 praktisch der größte Impulsanteil von der letzten Laufstrecke des Elektrons in Drahtnähe herrührt. Impulse von ionisierenden Teilchen, die sich im Rohr außen bewegen, müssen daher beinahe uniform sein. Genaue Rechnungen [12] zeigen, daß diese Uniformität bei Rohren mit großem r_a/r_i-Verhältnis auch in ungünstigeren Verhältnisse vorhanden ist.

Die Impulsbildung bei Proportional- und G.M.-Rohren läßt sich völlig analog diskutieren; es handelt sich in der Regel auch um koaxiale Zylinder. Aber der Mechanismus der Impulsbildung hat sich völlig geändert. (Eine eingehende Diskussion erfolgt im nächsten Abschnitt.)

Im Falle des Proportionalrohres findet eine Elektronenmultiplikation (Gasverstärkung) statt. Dieser Vorgang spielt sich wegen der Feldstärke in unmittelbarer Drahtnähe ab, so daß in guter Näherung $Q_+ \sim e$ gesetzt werden darf. (Der Elektronenanteil ist sehr gering.) Der Hauptteil des Impulses rührt von der Bewegung der positiven Ionen weg vom Draht her. Wegen der kleineren Beweglichkeit der Ionen im Vergleich zu der der Elektronen muß die Zeitskala für die Impulsbildung um das 1000-fache verlängert werden.

Bei den G.M.-Zählern allerdings kommen noch weitere komplizierte Auslösephänomene dazu, die eine genaue Impulsformberechnung nach den elektrostatischen Grundsätzen zweifelhaft erscheinen lassen. Von der Meßtechnik her gesehen besteht auch kein Grund, die Rechnung in dieser Zusammenfassung genau durchzuführen, da bekanntlich im G.M.-Rohr durch die innere Entladung jede Proportionalität zwischen einfallender ionisierender Spur und Ausgangsimpuls fehlt. Man spricht daher mit Berechtigung im deutschen Sprachgebrauch von „Auslösezähler".

Die eigentlichen Prozesse im G.M.-Rohr, die sich nach der Ausbildung der ersten Lawine einstellen, wie die Ausbreitung des Ionenschlauches längs des Drahtes, der Löschmechanismus und andere Effekte mehr, werden im folgenden experimentellen Teil behandelt (Abschnitt II.3.5).

Für das „Proportionalrohr", bei dem die maximale Impulshöhe proportional $(A \cdot n \cdot e)/C$ sein soll, wobei A der innere Gasverstärkungsfaktor ($\sim 10-100$) und n die Anzahl der primär gebildeten Ionenpaare bedeuten, kann die Rechnung analog Gl. (25) und (26) sinnvoll sein. Dabei muß für

$$\frac{dx_0}{dt} = \frac{KV}{x_0 \ln r_a/r_i} \tag{30}$$

die positive Ionenbeweglichkeit eingeführt werden.

Nach dem Greenschen Theorem berechnet sich

$$P(t) \quad \text{zu} \quad P(t) = \frac{-e + q_+(t)}{C} \tag{31}$$

und nach Gl. (25a) resp. (25b)

$$P(t) = -\frac{e}{C} \frac{\ln\left\{\frac{2VKt}{r_i^2 \ln r_a/r_i} + 1\right\}}{2 \ln r_a/r_i} \tag{32}$$

wobei

$$t = \frac{(r_a^2 - r_i^2) \ln r_a/r_i}{2VK}$$

bedeutet und der Sammelzeit der positiven Ionen entspricht. ($P = -e/C$ für diesen Fall).

In Einheiten der totalen Impulshöhe und Impulslänge ausgedrückt wird

$$P(\tau) = \frac{1}{2 \ln r_a/r_i} \ln[(r_a^2/r_i^2) \tau + 1] \tag{33}$$

(maximaler τ-Wert $= 1 - r_i^2/r_a^2$).

In der Darstellung erhält man praktisch das Inverse aus Abb. 2.6.

Der rasche Anstieg am Impulsanfang wirkt sich bei Koinzidenzexperimenten sehr vorteilhaft aus. Mit einem kleinen nachfolgenden

RC-Glied verliert man nur wenig an Impulshöhe. (Kurze Abschneidezeit.)

Wie weit bei einem G.M.-Rohr trotz komplizierter Mechanismen diese Betrachtung noch richtig ist, soll erst später diskutiert werden. (Nur Dehnung der Zeitskala notwendig.)

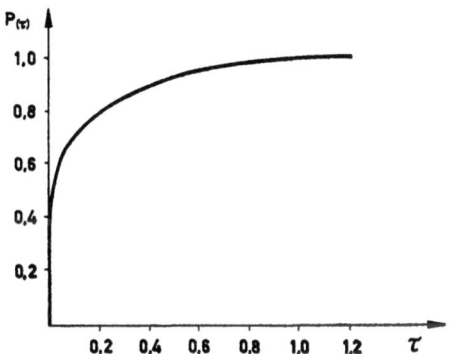

Abb. II.2.7. Impulsform für ein Proportionalrohr mit folgenden Daten: $r_a/r_i = 100$, $r_a = 1$ cm, $r_i = 10^{-2}$ cm; $V = 1000$ V, $K = 20$, entsprechend 70—80 Torr, $t \sim 100$ μs.

II.3. Technische Gestaltung und experimenteller Einsatz gasgefüllter Detektoren für ionisierende Teilchen

II.3.1. Ionisationskammer

Die Probleme der technischen Durchbildung von Ionisationskammern hängen in erster Linie von deren Einsatz ab.

Die Hauptsorge bei der „Strom-Kammer" bildet die Rekombination, während bei der schnellen Impulskammer die Ankopplung der Sammelelektrode an den nachgeschalteten Verstärker und an die Hochspannung genau überlegt sein will.

Wie schon in der Einleitung betont, sollen auch in diesem Abschnitt die für spezielle Messungen in der Kernphysik dienenden Instrumente wie beispielsweise die langsame Impuls-Kammer überhaupt nicht diskutiert werden.

II.3.2. Ausbildung und Probleme der integriert messenden Ionisationskammer („Strom-Kammer")

Das konstruktive Problem liegt im angelegten hohen elektrischen Feld, das an die elektrische Isolation höchste Ansprüche stellt. Eine kleine ausgewählte Tabelle II.3.1 zeigt deutlich, daß geschmolzener

Quarz, gewisse Kunstharze und Polystyren sowie im einschränkenden Sinn Blei-Glas empfehlenswert sind.

Dabei spielt die schlecht meßbare und ebenso schlecht reproduzierbare Oberflächenleitfähigkeit eine große Rolle. Höchste Sauberkeit beim Zusammensetzen der Kammer neben dem maximal erreichbaren Reinheitsgrad des Füllgases (siehe auch Abschnitt II.2.4 und [9]) sind oberstes Gebot. Insbesondere muß wegen des stark abfallenden Oberflächenwiderstandes mit der Feuchte auf trockene Füllgase besonders geachtet werden.

In der Diskussion über die Tabelle II.3.1 ist nachzuholen, daß die Oberflächeneffekte und das Langzeitverhalten der Isolatoren unter Druck und im elektrischen Feld ausschlaggebend bleiben. Die Erfahrung zeigt, daß bei schärfster Auswahl die Polystyrene, Rein-Quarze und einschränkend auch spezielle Glassorten (Blei-Glas) übrig bleiben. Wird auf die Ausheizbarkeit eines Rohres oder einer Kammer Wert gelegt, dann bleibt nur Quarz resp. Glas übrig.

Tabelle II.3.1. *Elektrische Eigenschaften einiger für den Bau von Ionisationskammern und Zählern typischer Dielektrika*

Dielektrikum	$D \cdot K \cdot (\varepsilon)$	Spez. Widerstand in $\Omega \cdot$ cm	Bemerkungen
Bernstein	2,8	$> 10^{18}$	kann durch Kunststoffe ersetzt werden
Polystyrol	2,6	$10^{17} - 10^{18}$	
Poly-Methyl-Methacrylat (Plexiglas)	3—3,6	$10^{17} - 10^{18}$	verminderte Wärmebeständigkeit
Polyäthylen (Polythen)	2,3	10^{17}	sehr guter Oberflächenwiderstand bei 100% Feuchte
Bleiglas	5—7	$10^{15} - 10^{18}$	bei Spuren von Feuchte Oberflächeneffekte
Quarzglas	3,7—4,2	$> 5 \cdot 10^{18}$	gute mechanische und elektrische Eigenschaften (hohe Temperaturen)
Epoxy-Harze	3,7—4,1	$> 5 \cdot 10^{14}$	kaum verwendbar bei hohen Ansprüchen
Teflon (Fluorocarbone)	2,0	$> 10^{17}$	viel verwendet bei sog. Taschen-Dosimetern

Bei zylindrischen Geometrien (dünner Mitteldraht) muß darauf geachtet werden, daß die Einschmelzung des Leiters sorgfältig erfolgt und zwischen Dielektrikum und Leiter kein gasgefüllter Zwischenraum entsteht. (Sprungstellen der D.K.; Gefahr von elektrischen Störentladungen.)

Die Forderung nach höchsten dielektrischen Eigenschaften macht in der strommessenden Kammer die Einführung der sog. Schutz-Elektroden oder geometrisch ausgedrückt -Ringe zur Notwendigkeit.

Diese liegen auf demselben Potential wie die Sammelelektrode und verhindern die Ausbildung eines direkten Strompfades längs der Isolatoroberfläche oder bei einer sehr empfindlichen Kammer den dielektrischen „Volumeneffekt" zwischen Hochspannungselektrode und Sammelelektrode. Diese konstruktive Maßnahme der Schutzringe kann bei Hochdruckkammern zu einigen technischen Schwierigkeiten führen.

Über den bereits genannten Effekt der Rekombination und deren Vermeidung sind alle Betrachtungen im Abschnitt II.2.5 angeführt. Über allfällige Störeffekte durch Anlagerungs-Vorgänge, hervorgerufen durch elektronegative Gasverunreinigungen, sowie durch Rekombination und Diffusions-Phänomene, gibt die Sättigungskurve Auskunft.

Bei einem konstanten Strahlungsfluß durch die Ionisationskammer (integraler Arbeitsweise), aber auch bei der Messung von homogenen ionisierenden Teilchen (Beispiel Po-α-Teilchen) steigt die Impulshöhe resp. Impulsstrom steil mit der angelegten Feldstärke an und bleibt dann über weite Grenzen konstant.

Bei schnellen Kammern mit Elektronensammlung wird in der Regel das „Plateau" nicht sehr ausgeprägt, da die Elektronenlaufgeschwindigkeit von der freien Weglänge, der Feldstärke, dem Druck und der thermischen Eigengeschwindigkeit des Umgebungsgases abhängt.

Die Einflüsse der Kolonnenrekombination in Luft, O_2, CO_2, CCl_4 wurden beispielsweise von DICK [13] sowie BIBER [14] studiert, die Sättigungskurven in verschiedenen Gasen durch Einstrahlung von Po-α-Teilchen aufgenommen haben. Daselbst findet man auch Angaben über konstruktive Aspekte bei Parallel-Platten-Ionisationskammern.

Da es sich um Feldeffekte handelt, dürfte in jedem Fall ein homogenes Feld, wie es die Parallel-Platten-Kammer bietet, dem stark divergierenden Feld der koaxialen Rohr-Geometrie vorgezogen werden.

Das große Anwendungsgebiet der integriert messenden Ionisationskammern liegt auf dem Feld der Dosimetrie für γ-Strahlen. Während die in Füllhalterform bekannten Ionisationsmesser (Bereich in der Regel bis 300 mr) einfache Elektroskope darstellen (siehe Abb. II.3.1), die teilweise durch ein optisches System selbst abgelesen werden können, und das Maß der Entladung eine Angabe über die Ionisation der durchgegangenen Strahlung gestattet, sind die eigentlichen kontinuierlich anzeigenden, tragbaren Strahlungsmonitoren mit einer eigentlichen Ionisationskammer, sowie anschließendem Gleichspannungsverstärker mit Anzeigeinstrument ausgerüstet. (Empfindlichste Stufe etwa 0,1 mr; in Stufen bis zu einigen Röntgen abschwächbar.)

Ein klassisches Anwendungsgebiet für Ionisationskammern mit Strommessung bildet die Neutronenfluxmessung in Reaktoren. Die Kammern stellen die Fühler der verschiedenen Reaktor-Regelungs- und Sicherheitssysteme dar.

Eine der ältesten Meßvorrichtungen basiert auf dem Prinzip von BRAGG und GRAY, angewendet auf eine sog. homogene Wasserstoff-Ionisationskammer.

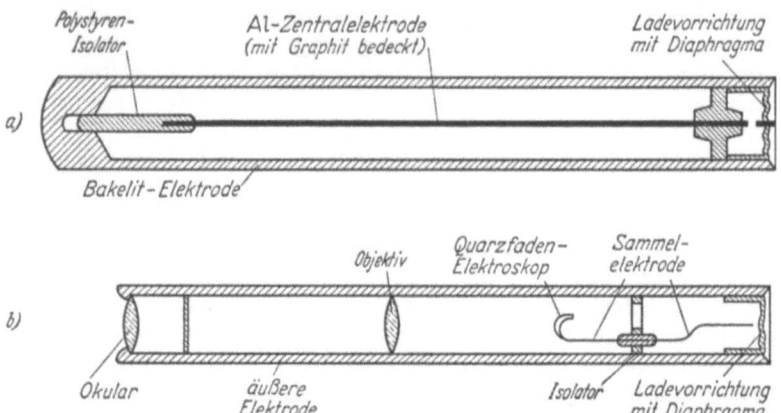

Abb. II.3.1. Zwei Konstruktionsbeispiele von „Taschen-Ionisations-Kammern". Aufladespannung ~ 150 Volt, Bereich: 200 mr. Ausführung b) Quarz-Faden-Elektroskop mit Fadenkreuz-Ablesung

Wenn es technisch möglich wird, eine Kammer zu realisieren, bei der die Kammerwand und die Gasfüllung dieselbe atomare Zusammensetzung aufweisen und die Kammerwand dicker als die maximale Reichweite der durch Rückstoß erzeugten Protonen ist, dann ist die Ionisationsdichte im Gas dieselbe, die man in einem unendlich ausgedehnten Gasraum erhalten würde. Damit wird die Rechnung ohne Berücksichtigung der „geometrischen" Verluste einfach.

Beträgt das Kammervolumen V, in cm^3 und der uniforme Flux Φ in Neutronen/cm$^2 \cdot$ s gemessen bei der Energie E_0, so berechnet sich der induzierte Strom bei Normaltemperatur zu

$$i = \frac{\Phi e L p E_0 V}{c} \sum \frac{n_x \sigma_x f_x}{w_x},$$

wobei

L: die Loschmidtsche Zahl
p: Gasdruck in Atmosphären
n_x: Anzahl Atome vom Typ x pro Molekül
f_x: mittlerer Anteil der Neutronenenergie, die auf das Atom x nach der Kollison übertragen wird,

w_x: Anzahl eV für die Bildung eines Ionenpaares für das Atom x im Gas

bedeuten.

Bei isotroper Streuung im Schwerpunktsystem wird

$$f_x = \frac{2 M_x m}{(M_x + m)^2}$$

M_x: Atommasse des Atoms x m: Neutronenmasse

BRETSCHER und FRENCH [15] haben als Gas Äthylen und als Kammerwand Polyäthylen benutzt. In diesem Fall ist der Beitrag des Kohlenstoffes zum Kammerstrom i vernachlässigbar. Von den beiden Autoren [15] ist auch vorgeschlagen worden, zur Kompensation der durch γ-Strahlen induzierten Effekte eine Doppelkammer in Differenzschaltung auszubilden, wobei die eine Kammer mit gewöhnlichem Wasserstoff, die andere mit Deuterium gefüllt ist.

Die gebräuchlichste Ionisationskammerausführung für die Reaktor-Steuerung und Kontrolle ist die mit angereichertem B^{10} ausgekleidete Parallel-Platten-Kammer. Um die Empfindlichkeit zu erhöhen (Raumwinkelproblem und Ausdehnung der aktiven B^{10}-Oberfläche) werden mehrere Parallel-Platten-Kammern in scheibenförmiger Ausbildung zusammengeschaltet.

Mit angereichertem Bor (B^{10}) kann ein maximaler Ionenstrom von 10^{-16} A/cm² pro Neutron pro cm² erreicht werden.

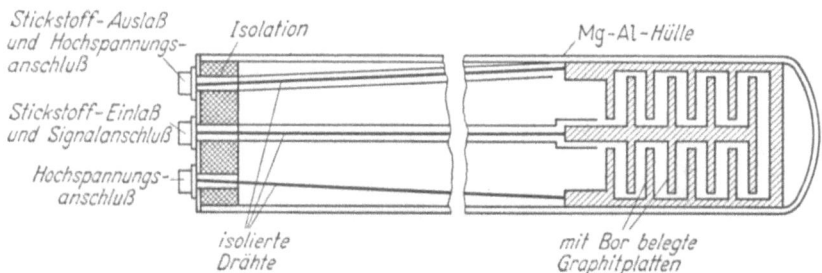

Abb. II.3.2. Parallel-Platten-Kammer in scheibenförmiger Anordnung für Neutronenflux-Messung innerhalb des Reaktors. Die eigentlichen Elektroden bestehen aus reinstem Graphit, überzogen mit einer B^{10}-Schicht (B^{10} (n, α) Li^7). Gasfüllung: Stickstoff mit Umlauf. Schutzhülle: Mg-Al-Legierung

Bei geeigneter Differentiation der Kammersignale kann eine Spannung proportional zu der zeitlichen Änderung der Ionisationsrate erhalten werden und damit wird ein Maß für die Änderungsrate des Energie-Erzeugungs-Niveau festgelegt.

Die in Parallel-Platten-Kammern angelegten Feldstärken übersteigen in der Regel einige tausend Volt/cm nicht; Abstände von 1 cm und weniger sind aus vielen Gründen vernünftig. Gasdrücke von einigen Atm. können besonders bei „langsamen" Impulskammern (Sammlung der Ionen) als üblich bezeichnet werden. Über die Gasfüllungen von „kontinuierlichen" Ionisationskammern bestehen keine allgemeinen Rezepte; auf jeden Fall muß mit der Ausmessung der Sättigungskurve eine Abklärung der verschiedenen Störeffekte im Gasraum stattfinden. Die Reinheit der verwendeten Gase spielt dagegen eine wichtige Rolle. Auf die Gefahr der Kontamination von Kammern mit α-Teilchen muß hingewiesen werden (1 Po-α-Teilchen/s entspricht einem Strom von $3 \cdot 10^{-14}$ A). Besonders bei der Verwendung von α-Strahlen als Eichquellen, die unter Umständen in das aktive Volumen eingeschoben werden müssen, ist die erwähnte Verseuchungsgefahr sehr groß.

II.3.3. „Schnelle" Impuls-Ionisationskammern

Alle Vorsichtsmaßnahmen, die in bezug auf Reinheit der Gase (Rekombination), Qualität der Isolatoren, geometrische Ausbildung der Meßkammer, Schutzringe und so weiter ergriffen werden, müssen für eine gutfunktionierende integriert messende Ionisationskammer (Abschnitt I.3.2), im stark verminderten Maßstab auch für schnelle Impuls-Ionisationskammern gelten. Die bei Ionisationskammern übliche Ankopplung der neg. Hochspannung an die eine Elektrode und die direkte Verbindung der positiven Sammelelektrode mit dem Verstärker bringt den Vorteil kleinster Strom-Kapazitäten.

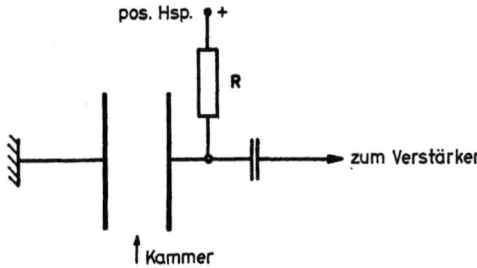

Abb. II.3.3. Schematische „elektrische Anordnung" einer schnellen Impuls-Ionisationskammer

Bei der schnellen Impulsionisationskammer aber führt die Einspeisung der Hochspannung (pos.) an die Sammelelektrode zu zwei wesentlichen Vorteilen. Bei koaxial-zylindrischer Geometrie kann der äußere Mantel direkt geerdet werden. Zudem folgen alle freigemachten Elektronen den Kraftlinien, die im Falle der positiven Spannungsanlegung an der Sammelelektrode dorthin führen.

Die technische Schwierigkeit besteht darin, einen Kopplungskondensator zu finden, der verlustfrei und elektrisch völlig einwandfrei ohne Störentladungen arbeitet. Die Eingangskapazität wird mit Hilfe eines hohen Ankopplungswiderstandes R, der ganz nahe bei der Sammelelektrode in die Hochspannungszuleitung eingebaut werden muß, einigermaßen kompensiert.

Die Einführung der Schutzringe ist bei schnellen Impulskammern keine absolute Notwendigkeit, vielmehr eine Frage der Zweckmäßigkeit. Bei zylindrischen Ionisationskammern können Zwischenelektroden zur Homogenisierung des elektrischen Feldes am Drahtende (Einschmelzstellen) dienen. Dadurch wird auch ein klar umrissenes Zählrohrvolumen (aktiver Gasraum) geschaffen.

In Abb. II.3.4 wird der Feldlinienverlauf in einer koaxial zylindrischen Geometrie verdeutlicht, nachdem ein unter der theoretisch berechneten Spannung stehender „Schutz"-Zylinder eingeführt worden ist.

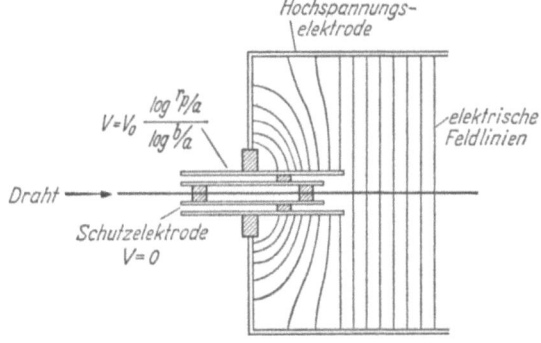

Abb. II.3.4. Zylindrische Ionisationskammer mit eingeführter Zwischenelektrode. (Kraftlinienverlauf)

Die alleinige Verwendung des von Elektronen induzierten Signals bringt auch die Möglichkeit mit sich, mit Hochdruckkammern (Wasserstoff bis zu 90 Atm.) zu arbeiten. Eine große Verbreitung hat allerdings diese Technik nicht gefunden.

Auch für die Anwendung der schnellen Impuls-Ionisationskammer in der Neutronenphysik, besonders den Nachweis von Rückstoßprotonen[*], die von der elastischen Streuung schneller Neutronen herrühren, muß auf die Speziallliteratur [16] verwiesen werden. (Nicht sehr verbreitet.)

Selbstverständlich kann die Impulskammer auch zur Ausmessung der Energieverteilung von aus Kernreaktionen emittierten Teilchen

---

[*] Bei der Annahme einer isotropen Neutron-Proton-Streuung im Schwerpunktsystem folgt unmittelbar eine Energieverteilung der gestreuten Protonen, die unabhängig von der Energie ist bis zu der Energie der einfallenden Neutronen.

benutzt werden, wobei das Kammergas die gasförmige Target darstellt. (Beispiel N^{14} (n, p) C^{14}.)

In vielen Fällen aber werden die zu untersuchenden Teilchen durch ein Fenster in das aktive Kammervolumen eingeschossen.

Für den Nachweis von langsamen Neutronen werden oft exotherme Kernreaktionen benutzt, bei denen α-Teilchen, Protonen oder andere geladene Partikel entstehen. Am bekanntesten ist die B^{10} (n, α) Li^7-Reaktion mit einem Q-Wert von 2,792 MeV und einem thermischen Wirkungsquerschnitt von 4010 barn.

In der Form von BF_3 steht ein borhaltiges Gas zur Verfügung, das in entsprechenden Zählern (Ionisationskammer und Proportionalrohr) benutzt werden kann. Die Ausnutzung der Elektronenkomponente ist möglich, vorausgesetzt daß das BF_3-Gas in ausreichender Reinheit hergestellt werden kann. (Besonders auch frei von Wasserdampf.) Die elektronennegative Verbindung SiF^4 muß unter allen Umständen vermieden werden. Alle organischen Substanzen sind aus der Zählkammer oder Rohr zu verbannen; Glas und rostfreier Stahldraht sind die einzigen Konstruktionselemente.

Eine für die Messung des schnellen Neutronenflusses bewährte und vielgebrauchte Einrichtung ist der von HANSON und MCKIBBEN [17] praktisch energieunabhängige „BF_3-long counter".

In Analogie zu der „Wasserbadmethode" wird ein für langsame Neutronen empfindliches, langes, schlankes BF_3-Rohr in einen Paraffin-Zylinder eingegossen, dessen Achse in Richtung der Neutronenquelle gerichtet ist.

Der bewährte BF_3-Zähler [17] ist 26 cm lang mit einem Durchmesser von 1,3 cm. Er ist eingebettet in einen Paraffinzylinder von 26 cm Länge und 20 cm Durchmesser. Der Paraffinzylinder ist allseitig mit Ausnahme der Front von einer B_2O_3-Schicht umgeben, die wiederum von einer 8 cm starken Paraffinschicht umhüllt wird. Die beiden äußeren Schichten verhindern, daß Neutronen (thermalisierte und schnelle), die nicht aus der Richtung der Quelle kommen, mitgezählt werden. Der innere Paraffinzylinder weist in axialer Richtung (in der Orientierung zu der Neutronenquelle) 8 Löcher (Durchmesser: 2,5 cm, Tiefe: 9 cm) auf.

Die Empfindlichkeit dieser speziellen Zählanordnung mit BF_3-Rohren ist über weite Energiebereiche nach Messungen von verschiedenen Autoren nahezu konstant. ($\pm 1\%$ von thermischen Neutronen bis E_n von 400—700 KeV. Änderungen von 10—15% im Bereich 2—6 MeV.)

Schlußendlich hat sich die sog. „Fission-Kammer"* wegen ihrer Unempfindlichkeit gegen γ-Strahlen und anderer nicht Neutronen induzierter Reaktionen einen festen Platz in der Auswahl der Meß-

---

* Ausnützung der Ionisation, hervorgerufen durch die Spaltprodukte.

instrumente gesichert. (Eigenschaften der „fission"-Detektoren siehe Tabelle II.3.2). Eine Schicht von spaltbarem Material wird in die Kammer gebracht. Die Impulse werden sehr groß, da die Ionisation der Spaltprodukte sehr hoch ist, hauptsächlich am Anfang der Ionisationsspur. Daher erklärt sich auch die Robustheit und das gute „Zählplateau".

Tabelle II.3.2

Kern	therm. Wirkungsquerschnitt	Wirkungsquerschnitt bei 3 MeV-Neutronen
U^{235}	530 b	1,3 b
U^{238}	<0,5 mb	0,55 b
Np^{237}	19 mb	1,5 b
Pu^{239}	750 b	2 b

II.3.4. Proportionalrohr

In der Ionisationskammer erreicht ein Elektron innerhalb der freien Weglänge nur eine bescheidene Energie (geeignete Wahl der Feldstärke).

Die radiale Feldverteilung

$$E_{(r)} = \frac{1}{r} \cdot \frac{V_0}{\ln(r_a/r_i)}$$

bei einem Zählrohr (zylindrische Geometrie) schafft wesentlich andere Verhältnisse. Bei $V_0 = 1000$ V und richtiger Wahl von r_a/r_i kann E an der Stelle $r = r_a \sim 100$ V/cm betragen, in Drahtnähe aber $20-40 \cdot 10^3$ V/cm. Hier findet dann auch die sog. Gasvervielfachung (Stoßionisation) statt.

Da die Ionen eine kleine Beweglichkeit aufweisen, bildet sich in der Nähe des Drahtes eine Art Ionenwolke. In Richtung der Drahtoberfläche steigt diese Ionendichte stark an. Die positiven Ionen, die sich ganz nahe an der Oberfläche des Drahtes aufhalten, werden in Richtung Kathode (äußerer Zylinder) beschleunigt. In diesem Augenblick lösen sich die Ionen von den Elektronen, die schnell den Draht erreichen und daher stammt auch der schnelle Impulsanstieg (induzierte Ladung nach dem Greenschen Theorem) wie die Rechnung in Abschnitt II.2.6 Gl. (32) und (3) zeigt (siehe auch Abb. 2.7).

Für die konstruktive Gestaltung der Proportionalrohre müssen etwa folgende Regeln eingehalten werden:
1. Uniforme Drahtoberfläche mit möglichst konstantem Durchmesser. (Wolfram, rostfreier Stahl als Beispiele.)
2. Eine scharfe Abgrenzung des Zählvolumens und entsprechende Korrektur der Feldlinien an den Einschmelzpunkten des Drahtes mit dem Dielektrikum der Halterung sind notwendig, wenn nicht a priori durch evtl. Bündelung der einfallenden Teilchen nur ein

52 Detektoren zum Nachweis und für die Spektroskopie der Kernstrahlung

Teilvolumen des Rohres zur Registrierung herangezogen wird.
3. Glaskonstruktionen sind wegen der Ausheizbarkeit wenn möglich vorzuziehen.
4. Das Kathodenmaterial ist völlig unkritisch. (Cu, Messing, Stahl, Al.)

Die Abb. II.3.5 soll zwei praktische Ausführungsbeispiele zeigen, bei denen die obigen Konstruktionsregeln vorteilhaft angewendet worden sind.

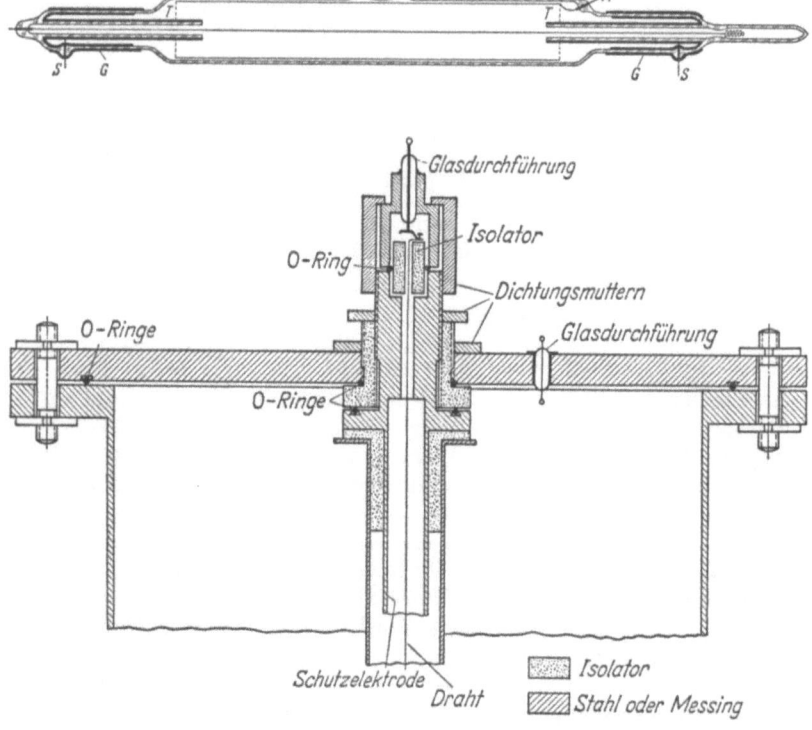

Abb. II.3.5. Oben: Proportionalrohr in Glasausführung mit Fenster W. A: Kathode aus dünner Al-Folie. T und G: Belag aus Graphit oder sonst ein Leiter. S: Anschluß für Hilfselektrode. Unten: Kopf eines Zählers ausgeführt in der O-Ring-Technik. Man beachte, daß bei der Materialauswahl der O-Ringe größte Sorgfalt am Platze ist. (Dampfdruck, Deformierbarkeit)

Die Zusammenhänge, die die Gasmultiplikation und somit den Verstärkungsfaktor A im Proportionalrohr beeinflussen, beanspruchen ein praktisches Interesse.

Bezeichnet man mit α (Townsend-Koeffizient) die Zahl der Ionenpaare (Elektron und pos. Ion), die pro cm Weg im Gas durch ein Elektron gebildet werden und mit n die Elektronenanzahl, so läßt sich die Zunahme der Elektronen, wenn ein Wegstück dx zurückgelegt wird, folgendermaßen ansetzen:

$$dn = n \cdot \alpha \cdot dx$$

wobei $n = n_0 \cdot e^{\alpha x}$ eine Lösung bedeutet, wenn α unabhängig von E ist.

Der Koeffizient α ist aber in diesem inhomogenen Zählrohrfeld eine komplizierte Funktion von Gasart, -Druck und Feldstärke.

Der Verstärkungsfaktor A für ein Elektron muß daher in der allgemeinen Form

$$A = e^{\int \alpha dx}$$

angeschrieben werden. (Für α gibt es in der Tat unter den inhomogenen Bedingungen im koaxialen Zählrohr keine exakte Theorie, nur eine Menge von empirischen Ansätzen.)

Beim Elektronenstoß können auch Anregungszustände entstehen, die mit Licht oder UV.-Strahlung in den Grundzustand übergehen. Bei genügender Energie dieser Lichtquanten ist es durchaus möglich, daß aus dem Kathodenmaterial durch Photoeffekt neue Elektronen ausgelöst werden können.

In Gasgemischen von Edelgasen (Beispiel $A-Xe$) kann sogar diese Anregungsstrahlung der einen Komponente die andere Komponente zur Ionisation anregen.

Wird mit γ die Wahrscheinlichkeit bezeichnet, daß pro Ionenpaar auch noch ein Photoelektron gebildet wird, dann kann die endgültige Gasverstärkung in der Form

$$A_{\text{Total}} = A + \gamma A^2 + \gamma^2 A^3 + \cdots$$

ausgedrückt werden.

Die Bedingung für den Proportionalbereich lautet $\gamma A \ll 1$; sonst nähert sich die Endladung dem Durchschlag. (Bei nicht abreißender Speisespannung $\rightarrow$ Dauerzündung.)

Gemische von Edelgasen wird man daher vermeiden; vielmehr sind Beimischungen von mehratomigen Gasen wie CH_4 (auch ohne Zusatz von Argon) sehr erwünscht. Die günstige Wirkung von Methan CH_4 beruht auf dem hohen Absorptionsvermögen für Licht und UV-Strahlung, so daß die Bedingung $\gamma A \ll 1$ leicht erreicht werden kann.

Im praktischen Betrieb wird A zwischen 10 und 10^2 liegen; größere A-Werte erfordern eine hochstabile Hochspannung und verunmöglichen in gewissen Fällen einen stabilen Betrieb.

Bewährt haben sich $10-20\%$ Beimischungen von CH_4 zu Argon. Bei reiner CH_4-Füllung nimmt die Steigung der Kurve $A = f(V)$ bei gleichbleibender Geometrie bei steigendem Druck als Parameter ab. (Experimentelle Kurven siehe [9], [16].)

Besondere Vorsicht ist geboten bei Gasen und Verunreinigungen, die eine Tendenz zur Elektronenanlagerung zeigen (siehe Abschnitt II.2.4). Negative Ionen wandern langsam zum Draht und geben daher Nachimpulse, die sehr störend sich auswirken (Falschzählung).

Die Lebensdauer von Proportionalrohren hängt von der Gasfüllung ab; es ist zu beachten, daß bei jeder Gasentladung einige der mehratomigen Gasmoleküle durch Dissoziationsvorgänge zerstört werden können. (Beispiel: $A = 100$; Anzahl der Ionenpaare pro Ereignis: $n = 100$. Pro Impuls werden daher 10^4 Moleküle betroffen. Befinden sich im Zähler $\sim 10^{16}-20^{20}$ solche Moleküle, so läßt sich eine obere Lebensdauergrenze von $\geq 10^{12}$ Stößen abschätzen.)

Ein Gasumlauf wirkt sich daher nicht nur auf den Reinheitsgrad (Kontamination, Wandeffekte) günstig aus, er garantiert auch eine praktisch unbeschränkte Lebensdauer des Proportionalrohres.

II.3.5. Geiger-Müller (G. M.)-Rohr

Das G.M.-Rohr dürfte der weitverbreitetste Detektor sein. Es zeichnet sich durch hohe Stabilität und praktisch 100% Ansprechwahrscheinlichkeit gegenüber ionisierender Strahlung aus (α- und β-Teilchen).

Dagegen ist es für die Spektroskopie unbrauchbar, da der Impuls unabhängig von der primären Ionisation ausgebildet wird und im Prinzip nur mit der Länge des Zählrohres einen Zusammenhang aufweist. Die Lawinen, die von individuellen Elektronen in Drahtnähe ausgelöst werden, breiten sich längs des Drahtes aus. Dieser „Ionenschlauch" hüllt den Zähldraht ein. Wegen der schnellen Sammelgeschwindigkeit der Elektronen bleibt eine positive Raumladung zurück, die das Feld am Draht reduziert und damit jede weitere Ionisation unterbindet. Erst dann beginnt das Abwandern der Ionen nach der Kathode. In der ersten Phase des Wanderns werden große Feldgradienten entsprechend dem logarithmischen Feld des Zylinderrohres durchlaufen. Es ist daher für die Ausbildung des Impulses durchaus richtig, die für die Impulsbildung des Proportionalrohres verantwortliche Gleichung 31, 32 und 33 im Abschnitt II.2.6 heranzuziehen. Diese Ionenwalze braucht etwa $100-300$ μs bis die Zählrohrwand erreicht ist.

Damit ist leider der Vorgang nicht erschöpft. An der Kathode können wieder Elektronen ausgelöst werden und der Ablauf würde sich wiederholen.

Man unterscheidet daher selbstlöschende und nicht selbstlöschende Zähler.

Durch einen kleinen Aufwand kann ein nicht selbstlöschendes Rohr selbstlöschend gemacht werden. Man braucht nur dafür zu sorgen, daß die Entladung, sobald ein gewisser Strom fließt, abgerissen wird (Beispiel: Neher-Harper-Kreis).

In der aktuellen Praxis hat sich nur das selbstlöschende G.-M.-Rohr halten können. TROST* (1935) hat als erster gezeigt, daß durch Beimischung von mehratomigen Dampfmolekülen die Entladung gelöscht wird. Der Mechanismus dieses „inneren" Löscheffektes, zuerst von KORFF und PRESENT [18] formuliert, bildete für viele Autoren einen Forschungsgegenstand bis in die fünfziger Jahre hinein. Durch den Dampfzusatz wie Alkohole werden die in der Entladung gebildeten Photonen stark absorbiert, so daß diese die Zählrohrwand nicht erreichen können. Der wichtigste Effekt besteht aber darin, daß die Argon-Ionen bei Zusammenstößen mit den Molekülen des Löschgases umgeladen werden, so daß an der Zählrohrwand nur ionisierte Dampfmoleküle eintreffen. Bei der Neutralisation wird bei einem komplexen Molekül die Energie zum Aufbrechen der molekularen Bindungen benutzt. Das Dampf-Ion predissoziert. Keine neuen freien Elektronen werden produziert. Die ursprüngliche Entladung ist gelöscht. Zwei einfache Abschätzungen bestätigen die gemachten Annahmen:

$$A^+ + M \rightarrow M^+ + A + \Delta E;$$

wobei ΔE die Energiedifferenz zwischen den Ionisationszuständen Edelgas—Dampfion darstellt ($\sim 4-5$ eV). (Beispiel: Argon E_J: 15,7 eV; Äthylalkohol C_2H_5OH: 11,3; C_2H_5Br: 10,24.)

Die erste Abschätzung soll zeigen, daß für die Umladungseffekte genügend Stöße zwischen den Dampfmolekülen und Argon-Ionen in Drahtnähe stattfinden.

Die freie Weglänge der Ionen in einem Rohr mit $p \sim 100$ Torr beträgt

$$L_{\text{Ion}} \sim 1-1,2 \cdot 10^{-3} \text{ cm}.$$

Das bedeutet, daß ganz in der Nähe des Drahtes (großer Feldgradient) genügend Stöße stattfinden. (Dasselbe gilt natürlich auch für die Elektronen, die mit $L \sim 5 \cdot 10^{-3}$ cm bei hohen Feldgradienten von 3000—5000 V/cm innerhalb der freien Weglänge Energien von > 15 eV gewinnen können.)

Wenn die Elektronenlawine in der Nähe des Drahtes eine Quelle von Photonen ist, die wiederum neue Lawinen in der Nähe des Drahtes auslösen können, bis der Ionenschlauch sich bis an das Zählrohrende längs des Drahtes ausgebildet hat, müßte diese Ausbreitungsge-

---

* Man müßte eigentlich von einem „Trostschen" Rohr sprechen, denn die Eigenschaft der Selbstlöschung durch Zusätze im Gasraum macht den Auslösezähler (in der angelsächsischen Literatur G.M.-Rohr genannt) erst brauchbar.

schwindigkeit im Vergleich zu der Beweglichkeit der Ionen sehr groß sein. In der Tat sind in Argon + 10% Methylalkohol-Rohren bei $p = 85$ Torr und $V_s = 1000$ V Ausbreitungsgeschwindigkeiten des Ionenschlauches von $5-10 \cdot 10^6$ cm/s experimentell gemessen worden.

Ein selbstlöschendes G.M.-Rohr mit einem mehratomigen Gas als Löschsubstanz muß daher eine endliche Lebensdauer aufweisen, die durch die Zusetzungsrate der mehratomigen Moleküle gegeben ist.

Bei einer Impulshöhe von 10 V und einer Gesamtkapazität des zylindrischen Rohres von 20 pF bedeutet ein Impuls die Ladung

$$Q = C \cdot V = 2 \cdot 10^{-10} \text{ Clb} \sim 1{,}4 \cdot 10^9 \text{ Elementarladungen.}$$

Das ist gleichzeitig auch die Anzahl der positiven Gasionen, die an der Kathode neutralisiert werden.

Bei Zusätzen von 10% zu Füllgasdrücken von 80—120 Torr würde nach $5-8 \cdot 10^{10}$ Stößen alles aufgebraucht sein. Praktisch darf man nicht mehr als 10^8-10^6 Stöße erwarten; früher schon macht sich die nachlassende Löschqualität durch sog. Nachentladungen bemerkbar, die natürlich für jeden Zählvorgang zu systematischen Fehlern führen.*

Diesen Nachteil weisen die sog. Halogen-Rohre (Argon mit kleinen Zusätzen $\sim < 1\%$ von Cl_2, Br_2 und I_2) nicht auf. Die längere Lebensdauer erkauft man sich hier durch eine hohe Totzeit ($\sim 350\,\mu s$) des Rohres (siehe spätere Abschnitte). Es ist auf den ersten Blick unverständlich, wie elektronennegative Gaszusätze günstig wirken könnten. Wegen der kleinen Beimischung spielt die negative Ionenformation hier keine wesentliche Rolle. Dagegen tritt ohne die Prädissoziationswirkung eine Löschwirkung auf. Der Mechanismus beruht darauf, daß das Ionisierungspotential des Moleküls kleiner ist als die doppelte Austrittsarbeit der Kathode ($E_i < 2\,\Phi$). (Beispiel: $\Phi : F_e \sim 6{,}5$ eV; $E_{i_{Br_2}} \sim 12{,}8$ eV.)

Die Lebensdauer wird nicht beschränkt durch den Zerfall der Löschgasmoleküle; dagegen sind alle Halogene sehr aggressiv gegen alle organischen Substanzen und gegen die meisten Metalle. Es ist dabei sehr wichtig, daß nur inerte Zählrohrmaterialien wie Glas, Glimmer, rostfreier Stahl für die Konstruktion des Rohres ausgewählt werden.

Als Eingangskreis für eine Zählvorrichtung hat sich die sog. „Kathodenfolger"**-Stufe bewährt und durchgesetzt. Die Zeitkonstante RC des Ankopplungsgliedes entspricht der Sammlungszeit der positiven Ionen ($t \sim 10^{-4}$ s). Der bemerkenswerte Vorteil dieses

---

* Es ist daher sinnvoll, ein mit organischen Löschgaszusätzen betriebenes G.M.-Rohr in bezug auf angelegte Zählrohrspannungen im unteren möglichen „Plateau"-Bereich (siehe folg. Abschnitte) zu betreiben.
** Cathode follower.

Impedanztransformators besteht darin, daß einerseits das Ausgangssignal sehr niederohmig ist und die Eingangskapazität entsprechend herabgesetzt wird. Die Ankopplungsstufe wird daher direkt an das Zählrohr gesetzt; dank dem niederohmigen Ausgang kann die Ausgangsleitung praktisch in beliebiger Länge zum Impuls-Verstärker und -Untersetzer geführt werden.

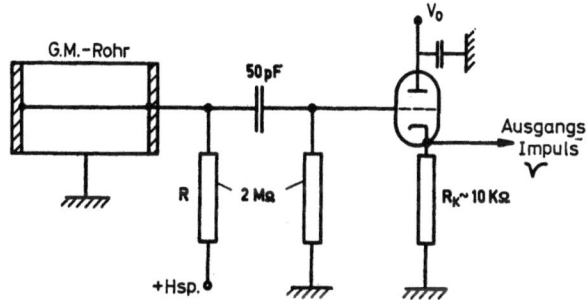

Abb. II.3.6. Eingangskreis für G.M.-Rohr

Beispiel: Verstärkung $G = \dfrac{\mu \cdot R_K}{R_i + (\mu + 1) \cdot R_K} < 1$

R_K: Kathodenwiderstand; R_i: innerer Röhrenwiderstand; μ: Verstärkungsfaktor.

Impedanz am Ausgang $Z_K \sim \dfrac{R_K}{1 + S\,R_K}$

S: Steilheit der Röhren

Beispiel: μ: 10 $R_K = 10\,k\Omega$; $S = 3$ m A/V

$Z_K = \dfrac{10^4}{1 + 3 \cdot 10^{-3} \cdot 10^4} \sim \dfrac{10^4}{31} = 322\,\Omega$.

In der Terminologie des Einsatzes von G.M.-Rohren haben sich von der ursprünglichen Deutung des Mechanismus her folgende „Fachbegriffe" eingebürgert:

Totzeit (Dead-time): Der Zähler ist völlig unempfindlich. Im Raume zwischen der Ladungswolke und dem Zähldraht wird das Feld durch besagte Raumladungseffekte so weit herabgesetzt, daß keine neuen Lawinen entstehen können. Ein in dieser Zeit zweites einfallendes primäres Teilchen wird nicht registriert (siehe auch Impulsverluste).

Bei Zählrohren liegt die Totzeit je nach Löschgas und Feldgeometrie zwischen 100 und 350 μs.

Erholungszeit (Recovery-time): Der vorhergehend beschriebene Abschirmeffekt wirkt nicht mehr total; die anfänglich zu kleinen Impulse gewinnen wieder die volle Höhe.
(Größenordnung 50—100 μs).

Plateau: Der Begriff des Plateaus umfaßt die Zählrohrcharakteristik innerhalb des G.M.-Bereiches. Bezeichnet man die gemessene Stoßzahl bei der Zählrohrspannung V_1 mit N_1 und entsprechend bei V_2 mit N_2, dann wird der relative Plateauanstieg mit $\frac{N_2 - N_1}{V_2 - V_1}$ definiert.

Beispiel: Kommerzielles G.M.-Rohr; Plateaulänge: 200 Volt; Steigung: 3% pro 100 Volt.

Die Totzeit und die Erholungszeit kann mit Hilfe eines fremdauslösbaren Kathodenstrahloszillographen (K.O.) einfach gemessen werden. Auf der Y-Ablenkung des K.O. wird die Impulshöhe aufgezeichnet. Jeder Impuls löst die X-Ablenkung aus, die in vielen Fällen einem linearen Zeitmaßstab entspricht. (Logarithmische Zeitskala ist noch gebräuchlicher.)

Auf dem Bildschirm erscheint der Hauptimpuls, dann eine Lücke und schließlich die Umhüllungskurve von ansteigenden Impulsen.

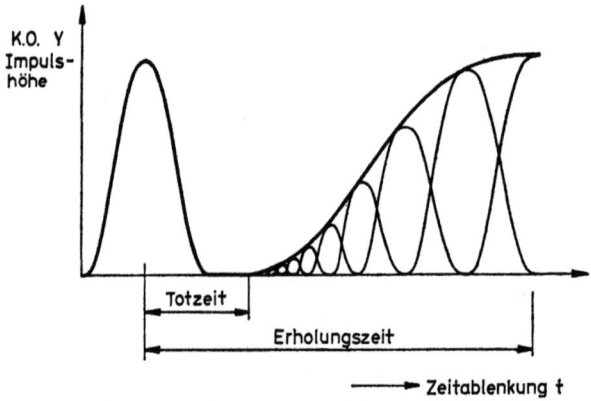

Abb. II.3.7. Ausmessung der Erholungszeit und Totzeit eines G.M.-Rohres mit Hilfe eines Kathodenstrahl-Oszillographen. (Schematische Darstellung des möglichen K.O.-Bildes)

Die Ausbildung des Ionenschlauches und damit die Berechnung der Totzeit beansprucht einiges akademisches Interesse (siehe [*12*]). Die oben eingeführten Begriffe genügen aber für die Beherrschung der Zähltechnik.

Die Totzeit (τ) muß aber bei der Berechnung der Zählverluste berücksichtigt werden, die sich im Prinzip aus den Totzeiten der Zählvorrichtung und derjenigen des G.M.-Rohres zusammensetzen. Im zweiten Fall wird ein primäres ionisierendes Teilchen nur registriert werden, wenn das letzte Teilchen vor der Zeit $t - \tau$ einge-

troffen ist. KURBATOV und MANN finden für die wahre Zählrate
[Impulse/Zeiteinheit]
$$n_0 = \frac{n}{1 - n \cdot \tau},$$
n_0: wahre Zählrate, n: registrierte Zählrate.
Obige Formel wird dann kritisch, wenn das Produkt $n\tau$ gegen 1 geht. Im übrigen sei auf die Nomogramme in der Literatur verwiesen, in denen auch die Zählverluste im Untersetzer und Registrierkreis diskutiert sind.

Die Ansprechwahrscheinlichkeit für β-Strahlen beim G.M.-Rohr beträgt beinahe 1. Eine sehr schlechte Zählausbeute besitzt das G.M.-Rohr in bezug auf harte γ-Strahlen.

Trotz maximaler Ausbildung der Kathode in Form von Bleimänteln übersteigt die Ansprechwahrscheinlichkeit bei $E_\gamma = 1$ MeV den Wert von $8 \cdot 10^{-3}$ nicht; dieser Wert steigt bei $E_\gamma = 3$ MeV auf $19 \cdot 10^{-3}$ an.

Im Röntgengebiet bei einsetzendem Photoeffekt können etwas bessere Werte erwartet werden.

Abgesehen von den spektroskopischen Möglichkeiten liegt darin der Hauptgrund dafür, daß das G.M.-Rohr für den Nachweis von γ-Strahlen im wesentlichen durch den Szintillationszähler abgelöst wird.

Eine Schlußbemerkung gilt dem Einsatz des G.M.-Rohres in Koinzidenzanordnungen. Die Verzögerungszeiten für den Beginn des Impulsanstieges rühren von den Elektronenlaufzeiten im Rohr her.
$$v = \frac{dr}{dt} = K_- \cdot E.$$
Die Elektronenlaufzeit Kathode—Draht beträgt:
$$t_e = \frac{\ln r_a/r_i}{2 K_- V} (r_a^2 - r_i^2);$$
bei normalen Zählrohrdimensionen $\sim 10^{-7}$ s.
$$(r_a \sim 1 \text{ cm}, \quad r_i \sim 10^{-2} \text{ cm}).$$

Ein Koinzidenzauflösungsvermögen (siehe Abschnitt: Koinzidenztechnik) von $< 10^{-7}$ s führt schon zu Koinzidenzstoßverlusten, wenn nicht dafür gesorgt wird, daß die auslösenden ionisierenden Teilchen in gleichen geometrischen Verhältnissen durch das Rohr gehen.

Über die konstruktiven Maßnahmen kann man sich sehr kurz fassen. Das Kathodenmaterial muß in bezug auf das Elektronenauslösepotential gewertet werden. (Φ möglichst groß.) Für alle praktischen Anwendungen ist diese Überlegung unerheblich, wenn nicht mit Rücksicht auf das aggressive chemische Verhalten wie die Halogene bestimmte Materialien wegfallen (Glasausführung, rostfreie Stähle).

60 Detektoren zum Nachweis und für die Spektroskopie der Kernstrahlung

Der Draht ist in bezug auf Homogenität unkritisch; nichtrostender Stahldraht wird vorgezogen.

Schlußendlich müssen die Isolatoren derart beschaffen sein, daß auch hier keine Beeinflussung des Füllgases stattfindet. (Vor allem das Löschgas darf nicht aufgezehrt werden.)

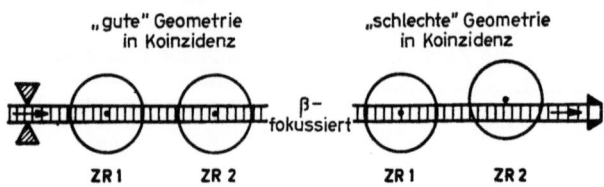

Abb. II.3.8. Zählrohranordnung bei Koinzidenzexperimenten mit ausgeblendetem Strahl

Glas, moderne Epoxy-Harze und andere Kunststoffe eignen sich sehr gut.

Eine weite Verbreitung haben die sog. „Fensterrohre" oder Stirn-Zählrohre gefunden, die mit Glimmerfolien von $1-2$ mg/cm^2 Stärke ausgerüstet sind.

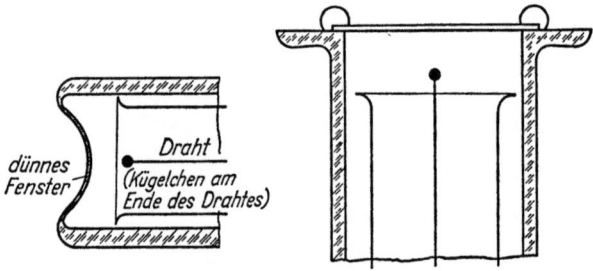

Abb. II.3.9. Typische Stirnzählröhre. Links: in Glasausführung; rechts: mit Glimmerfolie. ($1-2$ mg/cm^2 Dicke ausreichend für α-Zählung)

An die Reinheit der Füllgase werden einige Ansprüche gestellt, die aber im Vergleich zu denen bei Ionisationskammern bescheiden sind. Es genügen oft handelsübliche Reinheitsgrade (99,5%) der Edelgase und „reinst" Flüssigkeiten für die Erzeugung der Löschgase.

Es ist viel wichtiger, daß durch sachgemäße Ausführung der Zählrohrabfüllapparatur nicht eine nachträgliche Kontamination durch Ölmoleküle resp. Hg-Moleküle der Pumpen und verwendeten Hahnenfette stattfindet.

Eine bewährte Zählrohrgasmischung beträgt etwa 100 Torr Gesamtdruck Argon + Löschgas mit 10% Beimischung von C_2H_5Br oder früher C_2H_5OH.

II.4. Das Problem der Ankopplung gasgefüllter Detektoren an geeignete Impulsverstärker
(Charakteristik wichtiger Netzwerkelemente)

II.4.1. Einleitung und Problemstellung

Die ionisierenden Teilchen lösen in geeigneten Detektoren, und das gilt auch für die später zu behandelnden Szintillations- und Cerenkov-Zähler elektrische Stromimpulse aus, die das Abbild gewisser Teilcheneigenschaften sind. Diese Impulse stellen die eigentliche Information dar, mit der sich die sog. „kernphysikalische Elektronik" zu befassen hat. Die mathematische Methode für die Herausarbeitung der Charakteristik einiger wichtiger Netzwerkelemente bildet die Laplace-Transformation. Die Aufgabe, worauf die noch zu erläuternde Methode angewandt werden soll, läßt sich folgendermaßen formulieren: Ein elektrisches Netzwerk bestehend aus den Schaltelementen R, C und L und den aktiven Elementen wie Röhren, Transistoren, die wenigstens bereichsweise linear arbeiten, befinde sich für die Zeit $t < 0$ in Ruhe; zur Zeit $t = 0$ beginnt eine Strom- oder Spannungsquelle nach einer bestimmten Zeitfunktion auf das Netzwerk zu wirken. Gesucht sind die Signale am Netzwerkausgang.

Wie wichtig diese Netzwerkprobleme für den einfachen Fall der RC-Ankopplung einer Parallel-Platten-Kammer oder eines Proportionalrohres (zylindrische Geometrie) sein können, beweist die nachfolgende Diskussion.

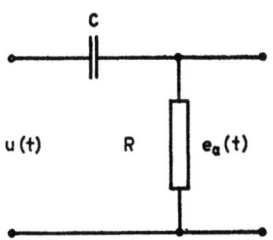

Abb. II.4.1. Differentiationsnetzwerk

Die $u(t)$-Funktionen für Parallel-Platten-Kammer, zylindrische Ionisationskammer und Proportionalrohr (analog G.M.-Rohr) in normierten Einheiten gemäß Abschnitt II.2.6 (Impulslänge und -Dauer ~ 1) sehen folgendermaßen aus, wobei die Klammern den Gültigkeitsbereich definieren:

Parallel-Platten-Kammer:

$$u(\tau) = \tau \quad \text{für} \quad 0 < \tau < 1.$$

Ionisationskammer in koaxial-zylindrischer Geometrie

$$u(\tau) = \frac{2}{3 \ln r_a/r_i} \ln\left(\frac{1}{1-\tau}\right) \quad \text{für} \quad 0 < \tau < 1 - \left(\frac{r_i}{r_a}\right)^{3/2}$$

Proportionalrohr (einschließlich G.M.-Rohr)

$$u(\tau) = \frac{1}{2 \ln r_a/r_i} \ln\left(\frac{r^2}{r_a} \cdot \tau + 1\right) \quad \text{für} \quad 0 < \tau < 1 - \left(\frac{r_i}{r_a}\right)^2.$$

Die Frage, die man sich gemäß Abb. II.4.1. stellen könnte, würde lauten: Wie sieht $e_a(\tau)$ aus, wenn die Detektorankopplung mit Hilfe eines RC-Gliedes vorgenommen wird. Man könnte sich weiterfragen, wie sieht der Impuls nach zweimaliger Differentiation aus?

Die „Abschneidekonstante" RC wird bei direkter Ankopplung des Detektors an die Verstärkerstufe durch das Kammersystem selbst gebildet; im Falle einer kapazitiven Ankopplung wird C durch die Kammer-, Streu- und Ankopplungskapazität in Serienschaltung gebildet.

Es gibt zwei praktische Gründe, die den Zusammenhang zwischen der Ausgangsfunktion $e_a(t)$ und dem eingeschalteten RC-Glied besonders wichtig erscheinen lassen. Vorerst möchte man wissen, wie groß das RC-Glied gewählt werden muß, damit nur ein Teil der Impulshöhe verloren geht. Dieser Fall entspricht der Anwendung in der Impulsspektroskopie.

Der andere Extremfall, nämlich die Frage nach dem kleinsten RC-Wert, bei dem der Arbeitsimpuls noch nicht im Rauschen untergeht, entspricht der Anwendung in der Koinzidenztechnik (Auflösungsvermögen).

Da die vom Detektor gelieferten Impulshöhen in der Regel zur Aussteuerung eines Analysators nicht genügen, muß ein Linearverstärker dazwischen geschaltet werden, der — wie der Name sagt — die Linearität der Amplitudenverstärkung innerhalb eines möglichst großen Amplituden- und Impulsdauerbereichs garantieren soll. Die Laplace-Transformations-Methode gestattet es auch, in Systemen, die aus verschiedenen Netzwerken zusammengesetzt sind, exakte Aussagen zu machen. In der Praxis hat sich für Analyse von Netzwerken und -Systemen die sog. Einheitssprungfunktion (siehe Abb. II.4.2) als besonders geeignet erwiesen. Einmal ist sie der theoretischen Methode der Laplace-Transformation gut angepaßt; dann läßt sie sich experimentell leicht erzeugen (Rechteck-Antwort). Sie ist definiert durch

$$u(t) = 0 \quad \text{für} \quad t < 0$$
$$u(t) = 1 \quad \text{für} \quad t \geq 0$$

und das einfachste Beispiel einer unstetigen Funktion, wobei eine elementare geschlossene Darstellung nicht existiert. Der Vorteil der

Laplace-Transformations-Methode besteht gerade darin, daß getrennte Stücke verschiedener Einzelfunktionen im Laplace-Bereich in eine einfache kontinuierliche Form gebracht werden können.

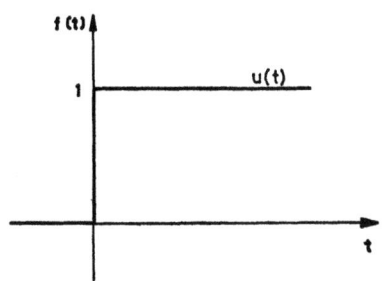

Abb. II.4.2. Definition der Einheitssprungfunktion

II.4.2. Die Laplace-Transformation als Hilfsmittel für die Behandlung der wichtigsten Netzwerkelemente bei impulsmäßiger Belastung

Die Laplace-Transformation, die gewissen gegebenen Funktionen gewisse „Bildfunktionen" zuordnet, ist eine Integraltransformation in der Weise, daß das gestellte Problem in den „Laplace-Bereich" transformiert, hier gelöst, und die Lösung in den Ausgangsbereich zurücktransformiert wird. Komplizierte Operationen wie Differentiation und Integration gehen vermittelst dieses Umweges in elementare Operationen über und bei Differentialgleichungen lassen sich die Integrationskonstanten viel harmonischer in die Rechnung einbauen.

Für die mathematischen Grundlagen muß auf die entsprechende Fachliteratur verwiesen werden

Folgende Symbolik sei den nachfolgenden Betrachtungen zugrunde gelegt:

für die direkte Transformation einer Zeitfunktion $f(t)$ in den Laplace-Bereich

$$L[f(t)] = F(s) = \int_0^\infty f(t) \cdot e^{-st}\, dt \qquad (1)$$

und für die inverse von $F(s)$, das heißt für die Rücktransformation in den Ausgangsbereich

$$L^{-1}[F(s)] = f(t) \qquad (2)$$

$f(t)$ soll für $t < 0$ Null sein und die Variable s ist komplex von der Form $s = \sigma + i\omega$.

Als Beispiele seien die Laplace-Transformierte $U(s)$ der Einheits-Sprungfunktion ($u(t) = 1$)

$$U(s) = \int_0^\infty 1 \cdot e^{-st}\, dt = 1/s \qquad (3)$$

oder der Exponentialfunktion $f(t) = e^{-at}$ für $t \geqq 0$

$$U(s) = \int_0^\infty e^{-(a+s)t}\, dt = \frac{1}{s+a} \tag{4}$$

gesucht.

Ähnlich wie in den angeführten Beispielen ist die direkte Transformation von komplizierten Funktionen mit mehr oder weniger großem Aufwand ausführbar; die Rücktransformation dagegen schwieriger und erfordert einen erheblichen Aufwand an mathematischen Mitteln. In der Praxis geht man daher immer so vor, daß man Tabellen der direkten Transformation rückwärts liest. Die Verhältnisse sind hier mit den Tabellenwerken der Integrale vergleichbar.

Tabelle II.4.1. *Beispiele von Transformationspaaren und Rechenoperationen*
(Siehe auch Laplace-Transformations-Tabellen)

$f(t)$* (siehe Fußnote)	$F(s)$
$a f_1(t) + b f_2(t)$ (Mult. Konst.)	$a F_1(s) + b F_2(s)$
$\dfrac{df(t)}{dt} = f'$ (Diff.)	$s F(s) - f(0)$
$\dfrac{d^{(\nu)}f(t)}{(dt)^\nu} = f^{(\nu)}$	$s^\nu F(s) - f(0)\cdot s^{\nu-1} - f'(0)\cdot s^{\nu-2}$ $\ldots\ldots f.^{(-1)}(0)$ **
$\int f(t)\, dt$ (Integration)	$\dfrac{F(s)}{s} + \dfrac{1}{s}\int f(0)\, dt$
$f(t - a)$ lin. Subst.	$e^{-as} \cdot F(s)$
1	$\dfrac{1}{s}$
$\dfrac{t^{n-1}}{(n-1)!}$	$\dfrac{1}{s^n}$
e^{at}	$\dfrac{1}{s-a}$
$e^{at} \cdot \dfrac{t^{n-1}}{(n-1)!}$	$\dfrac{1}{(s-a)^n}$
$\dfrac{1}{k} \cdot \sin k t$	$\dfrac{1}{s^2 + k^2}$
$\cos k t$	$\dfrac{s}{s^2 + k^2}$
$\sin h\, k t$	$\dfrac{k}{s^2 - k^2}$

* $f(t)$ ist nur für Werte $t \geqq 0$ gemäß Definitionsgleichung (1) und (2) bestimmt.

** Es treten genau so viele Anfangswerte $f(0), f'(0) \ldots$ auf, wie der Ordnung der Differentialgleichung entspricht.

Tabelle II.4.1. *(Fortsetzung)*

$\cosh kt$	$\dfrac{s}{s^2 - k^2}$
$\dfrac{1}{2k^3} \cdot \sin kt - \dfrac{1}{2k^2} \cdot t \cdot \cos kt$	$\dfrac{1}{(s^2 + k^2)^2}$
$\dfrac{t}{2k} \cdot \sin kt$	$\dfrac{s}{(s^2 + k^2)^2}$
$\dfrac{1}{2k} \sin kt + \dfrac{t}{2} \cos kt$	$\dfrac{s^2}{(s^2 + k^2)^2}$
$\cos kt - \dfrac{k}{2} t \sin kt$	$\dfrac{s^3}{(s^2 + k^2)^2}$
$\dfrac{e^{bt} - e^{at}}{b - a}$	$\dfrac{1}{(s-a)(s-b)}$
$\dfrac{1}{k} e^{-at} \sin kt$	$\dfrac{1}{(s+a)^2 + k^2}$
$e^{-at} \cos kt$	$\dfrac{s+a}{(s+a)^2 + k^2}$
$\dfrac{e^{-bt} - e^{-at}}{t}$	$\ln \dfrac{s-a}{s-b}$
$\dfrac{\sin at}{t}$	$\operatorname{arc} tg \dfrac{a}{s}$

Zu der Tabelle II.4.1 ist noch nachzutragen, daß die ersten fünf Transformationen eigentliche Rechenregeln bilden.

Die Theorie der Behandlung von linearen Netzwerken mit Hilfe der Laplace-Transformation zeigt, daß die Lösung im Laplace-Bereich immer auf die Form

$$F(s) = E(s) \cdot G(s) \tag{5}$$

gebracht werden kann. $G(s)$ enthält als die sog. *Systemsfunktion* den physikalischen Inhalt des Netzwerkes ohne Anfangsbedingungen. $G(s)$ stellt die Netzwerkimpedanz (bzw. den komplexen Leitwert) dar. An Stelle von $j\omega$ wird s gesetzt.

Beispiel: Serieresonanz

$$J(j\omega) = \frac{1}{G(j\omega)} = j\omega L + R + \frac{1}{j\omega C}.$$

Die *Exzitationsfunktion* $E(s)$ enthält die Laplace-Transformierte der eingeprägten Spannungsfunktion $e(t)$, sowie sämtliche Anfangsbedingungen.

Für die direkte Aufstellung von $F(s)$ existiert eine sehr einfache Anweisung

1. Betrachte zuerst den stationären Zustand unter Benützung komplexer Impedanzen und ersetze $j\omega$ durch s. Auf diese Weise erhält man die Systemfunktion $G(s)$.
2. Die eingeprägte Spannungs- bzw. Stromfunktion wird unter Beachtung aller Anfangsbedingungen in den Laplace-Bereich transformiert und damit die Exzitationsfunktion $E(s)$ gewonnen.
3. Die gesuchte Lösung $F(s)$ im Laplace-Bereich ist das Produkt aus Systemfunktion und Exzitationsfunktion.
4. Schlußendlich muß $e(t)$ durch die Rücktransformation $e(t) = L^{-1}[F(s)]$ gewonnen werden.

Die meisten praktischen Schwierigkeiten treten unter Punkt 4 auf. Es besteht hier die Aufgabe, durch die Umformung von $F(s)$ Ausdrücke zu finden, die sich einfach zurücktransformieren lassen. Das Mittel der Wahl stellt die Partialbruchzerlegung dar, die in der Integralrechnung eine wesentliche Rolle spielt.

Eine weitere nützliche Hilfe bildet das Endwerttheorem, mit dem aus $F(s)$, das heißt ohne Umweg über die oft mühsame Rücktransformation, der Wert für $f(t)$ für $t \to \infty$ erhalten werden kann.

Es lautet

$$\lim_{t\to\infty} f(t) = \lim_{s\to 0} s F(s). \tag{6}$$

II.4.3. Charakteristik einiger wichtiger Netzwerkelemente mit Beispielen

In den folgenden Beispielen wird unter anderem untersucht, wie sich verschiedene einfache Netzwerke verhalten, wenn die Einheitssprungfunktion (Systemanalyse mit Rechteck-Stößen) auf sie einwirkt. Im Falle der Differentiation sollen auch die Ankopplungsprobleme der Ionisationskammern und Proportionalrohre an ein Differentiationsnetzwerk RC (siehe Abb. II.4.1) besprochen werden.

Differentiation

Als Koppelglied zwischen zwei Punkten mit verschiedenen Gleichstrompotentialen wird sehr oft das Differentiationsnetzwerk benützt, das seinen Namen von der Eigenschaft herleitet, in erster Näherung von einer beliebigen eingeprägten Spannungsfunktion das Differential zu bilden.

$$G(s) = \frac{R}{R + \dfrac{1}{Cs}} = \frac{\tau s}{1 + \tau s} \tag{7}$$

mit $\tau = RC$

$$F(s) = E(s) \cdot G(s) = \frac{1}{s} \frac{\tau s}{1 + \tau s} = \frac{1}{\dfrac{1}{\tau} + s}. \tag{8}$$

Die Rücktransformation gibt den Wert (siehe Tabelle II.4.1)

$$e_a(t) = e^{-\frac{t}{\tau}}. \tag{9}$$

Als weiteres Beispiel soll die Impuls-Differentiation bei einer Parallel-Platten-Kammer berechnet werden.

$P(\tau)$ im Bereich $0 < \tau < 1$ nimmt im wichtigsten Fall der sog. „punktförmigen Ionisation" der Spur, das heißt man denkt sich die gesamte primäre Ladung im Ladungsschwerpunkt konzentriert, die Form an

$$P(\tau) = \tau \quad \text{(siehe Fußnote *)} \tag{10}$$

An der vorher praktizierten Rechnung ändert sich nur $E(s)$:

$$E(s) = \int_0^\infty f(t) \cdot e^{-st} dt = \int_0^\infty t \cdot e^{-st} dt = \frac{1}{s^2} \tag{11}$$

$$F(s) = \tau \cdot \frac{1}{s} \cdot \frac{1}{1+\tau s} = \tau \left(\frac{1}{s} - \frac{1}{s + \frac{1}{\tau}} \right) \tag{12}$$

$$\tau = R \cdot C$$

$$e_a(t) = RC \cdot \left(1 - e^{-\frac{t}{RC}}\right) \tag{13}$$

Diskussion:

$e_a(t)$ nimmt bei $\tau = 1$ (Normierung) den maximalen Wert an und fällt dann mit der Zeitkonstante RC ab.

Ebenso instruktiv ist das Absinken der maximalen Signalamplitude e_{max} in Abhängigkeit von dem Parameter $\frac{1}{RC}$.

(Je kleiner das Abschneide-Glied im Vergleich zu der Ionen- resp. Elektronensammelzeit gewählt wird, um so kleiner wird die maximale Signalamplitude.)

Die Differentiation von Impulsen aus Proportional- und G.M.-Rohren berechnet sich deshalb nicht mehr elementar, weil die Funktion

$$E(s) = \int_0^\infty f(t) \cdot e^{-st} dt \quad \text{mit} \quad f(t) = \frac{1}{2 \ln \frac{r_a}{r_i}} \cdot RC \cdot \frac{1}{t + \frac{r_i^2}{r_a^2}}$$

und vor allem $F(s)$ komplizierter wird. (Um alle Parameter wie die Größe des Abschneide-RC-Gliedes und das r_a/r_i-Verhältnis variieren zu können, ist eine numerische Berechnung mit Hilfe eines Computers vorteilhaft.)

Eine Darstellung der Ausgangs-Signal-Amplitude in Abhängigkeit der Zeit (τ transformierter Zeitmaßstab), wobei r_a/r_i fest = 500 gewählt und $1/RC$ als Parameter eingeführt wird, zeigt Abb. II.4.4.

---
* normierte τ-Einheiten gemäß Abschnitt II.4.1. $P(\tau) = 1{,}0$ für $T \sim 1{,}0$.

68 Detektoren zum Nachweis und für die Spektroskopie der Kernstrahlung

Im Gegensatz zu der Parallel-Platten-Kammer (Beispiel Abb. II.4.3) fällt das Signalmaximum des Eingangssignales nicht mit dem Ausgangssignal zusammen. Bei starker Differenzierung kann ein schmaler Impuls (μs) erhalten werden, der ebenfalls durch die

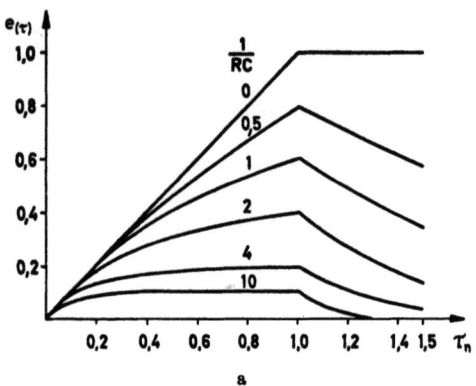

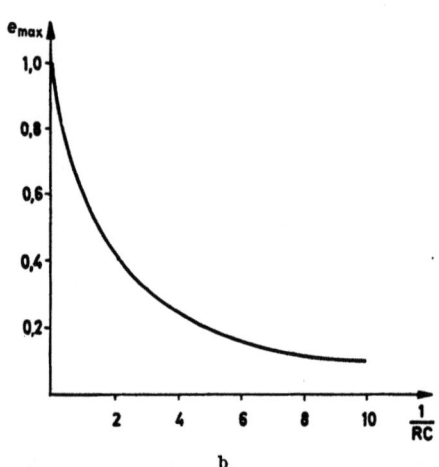

Abb. II.4.3. a) Das zeitliche Verhalten eines Parallel-Platten-Kammer-Impulses. b) Abhängigkeit der maximalen Impulshöhe vom Kopplungs-RC-Glied

positive Ionenbewegung entstanden ist. Mit andern Worten ausgedrückt: Im Gegensatz zu der Parallel-Platten-Ionisationskammer bleiben die Impulse des Proportionalrohres auch bei kleinen RC-Werten proportional zu der primären Ionisation.

Daher zählt man das Proportionalrohr zu den Detektoren, die auffallend gute Eigenschaften in bezug auf Spektroskopie und Auflösungsvermögen mitbringen.

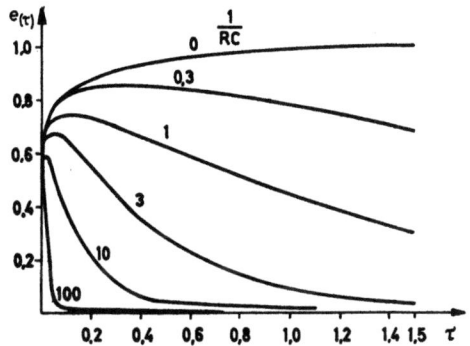

Abb. II.4.4. Ausgangs-Signal-Amplitude eines Proportionalrohres in Abhängigkeit von der Zeit. ($r_a/r_i = 500$; Parameter $1/RC$)

Mehrfachdifferentiation einer Einheitssprungfunktion

Wird ein einfach differenzierter Impuls von der Form Gl. (8) resp. (9) einem weiteren Differenzierglied zugeführt — ein Vorgang, der normalerweise bei jeder nachgeschalteten Röhrenstufe geschehen muß —, so tritt der gefürchtete „Unterschwung"-Effekt* auf, der in vielen kernphysikalischen Impulsverstärkern einige Sorgen verursacht.

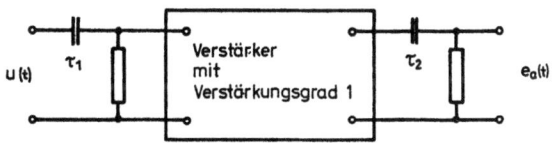

Abb. II.4.5. Mehrfachdifferentiation

Die Zeitkonstanten τ_1 und τ_2 gemäß Abb. II.4.5 seien unabhängig voneinander

$$F(s) = \frac{\tau_1}{1+\tau_1 s} \cdot \frac{\tau_2}{1+\tau_2 s} = \frac{1}{\tau_2-\tau_1}\left(\frac{\tau_2}{\frac{1}{\tau_1}+s} - \frac{\tau_1}{\frac{1}{\tau_2}+s}\right). \quad (14)$$

Nach Tabelle II.4.1 wird

$$e_a(t) = \frac{1}{\tau_2-\tau_1}\left[\tau_2 \cdot e^{-\frac{t}{\tau_1}} - \tau_1 \cdot e^{-\frac{t}{\tau_2}}\right]. \quad (15)$$

---

* undershoot.

Abb. II.4.6 zeigt deutlich, daß die Differenz der beiden e-Funktionen zum Unterschwung führt; der beinahe vermieden werden kann, wenn das eigentliche Differenzierglied um einen Faktor 100 kleiner gewählt wird als die nachfolgenden Schalt-Glieder. (Bei Faktor 100 ungefähr nur noch 1% Unterschwung-Amplitude.)

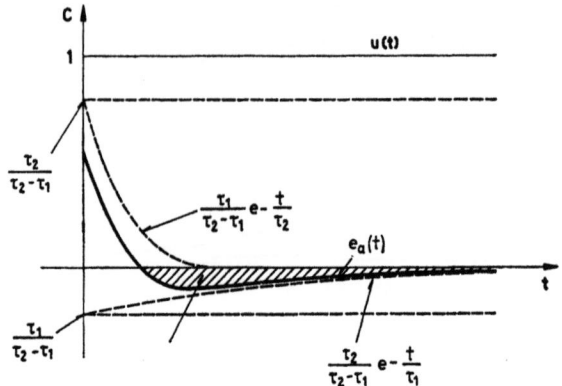

Abb. II.4.6. Einheitssprungfunktion nach doppelter Differenzierung

Stromintegration mit und ohne L-Kompensation

Das Stromintegrationsglied tritt in jeder Röhrenstufe auf. R wird gebildet durch den Arbeitswiderstand und C durch die Streukapazitäten der Schaltung im Anodenkreis der betreffenden Röhre und im Gitterkreis der nachfolgenden. Die idealen Verhältnisse liegen angenähert dann vor, wenn die erste Röhre eine Pentode (d. h. reine Stromquelle) und wenn der nachfolgende Gitterwiderstand $R_g \gg R$ und $C_{\text{Kopplung}} \gg C_{\text{Streu}}$ sind.

Die RC-Parallelkombination Anodenwiderstand—Streukapazität begrenzt die Brauchbarkeit einer Röhrenstufe für schnelle Impulse, denn selbst die unendlich steile Anstiegsflanke der Einheitssprungfunktion wird abgerundet und der Impuls erreicht erst nach einer gewissen Zeit das Maximum.

Die Anstiegszeit des Ausgangsimpulses innerhalb der Grenzen 10 bis 90% Amplitude wird als Anstiegszeit* einer Verstärkerstufe definiert.

Die Rechnung geht analog wie die Spannungsintegration, nur wird die Knotenmethode angewendet.

$$G(s) = \frac{1}{\frac{1}{R} + Cs} = R \cdot \frac{1}{1 + \tau s} \tag{16}$$

---

* rise-time.

$$F(s) = \frac{1}{s} \cdot R \cdot \frac{1}{1+\tau s} \tag{17}$$

$$e_a(t) = R\left(1 - e^{-\frac{t}{\tau}}\right) \tag{18}$$

wobei $\tau = RC$ bedeutet.
Die Anstiegszeit T_R beträgt $T_R = 2{,}2 \cdot \tau$.
(Zusammenhängende Diskussion siehe Seite 73 und Abb. II.4.10.)

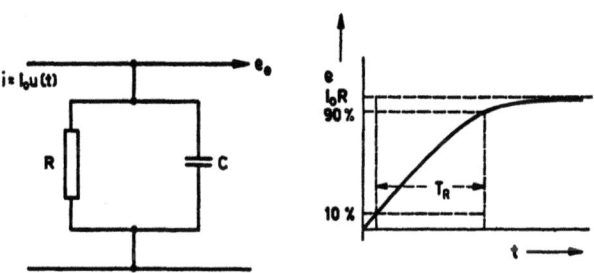

Abb. II.4.7. Prinzipschema einer widerstandsgekoppelten Verstärkerstufe ohne L-Kompensation und deren Rechteck-Stoß-Antwort

Mit der L-Kompensation gemäß Abb. II.4.8 verbessert sich der Flankenanstieg. (Kompensation der Streukapazitäten in der Verdrahtung durch eine Induktivität L.)

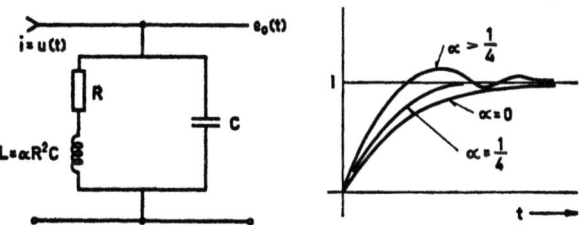

Abb. II.4.8. L-Kompensierter Verstärker und seine Rechteck-Antwort

Die Systemsfunktion ist gegeben durch

$$G(s) = \frac{1}{\dfrac{1}{R+Ls} + Cs} = \frac{R+Ls}{1+RCs+LCs^2}. \tag{19}$$

Zur Vereinfachung wird $R=1$ und $C=1$ gesetzt, wobei die neue Variable

$$\alpha = \frac{R^2 \cdot C}{L} \tag{20}$$

wird.

$$G(s) = \frac{1+\alpha s}{1+s+\alpha s^2} = \frac{s+\frac{1}{\alpha}}{(s+s_1)(s+s_2)} \qquad (21)$$

wobei
$$s_{12} = -\frac{1}{2\alpha} \pm \sqrt{\frac{1}{4\alpha^2} - \frac{1}{\alpha}} \qquad (22)$$
bedeutet.

$$F(s) = \frac{1}{s} \cdot G(s) \quad \text{gemäß Gl. (21).}$$

Die Rücktransformation liefert

$$e_a(t) = 1 - \frac{\left(\frac{1}{\alpha} - s_1\right)}{s_1(s_2 - s_1)} \cdot e^{-s_1 t} - \frac{\left(\frac{1}{\alpha} - s_2\right)}{s_2(s_1 - s_2)} \cdot e^{-s_2 t} \qquad (23)$$

$e_a(t)$ oszilliert, wenn s_1 und s_2 einen imaginären Teil aufweisen. Die Bedingung für keine Schwingung lautet daher aus Gl. (22) $\alpha \leqslant 1/4$.

$\alpha = 1/4$ bedeutet kritische Dämpfung und für diesen Fall reduziert sich Gl. (21) und (22) zu

$$F(s)_{\text{kritisch}} = \frac{1}{s} \cdot \frac{1+\frac{1}{4}s}{\left(1+\frac{1}{2}s\right)^2} \qquad (24)$$

und $e_a(t)$ kritisch wird

$$e_a(t)_{\text{kritisch}} = 1 - (1+t) \cdot e^{-2t}. \qquad (25)$$

Eine numerische Rechnung zeigt, daß die Anstiegszeit $T_R = 1{,}55\,\tau$ beträgt und damit eine Verbesserung im Vergleich zu der Schaltung ohne L-Kompensation von

$$\frac{2{,}2}{1{,}55} = 1{,}42$$

entspricht.

In der Praxis wird man die Induktivität mit Hilfe eines Verstellkernes variabel machen und α experimentell so einstellen, daß gerade noch keine Oszillation eintritt. (Siehe auch Abb. II.4.8.)

Die obige Netzwerkstudie (Stromintegration, R, C resp. RL, C in Parallel) dient als Ausgang für eine Analyse von Impulsverstärkern. Auch hier hat sich die Methode der Einheitssprungfunktion im Zusammenhang mit der Laplace-Transformation bewährt. Die Anforderungen an einen Linearverstärker für zufällige Impulse sind wesentlich andere als die an einen üblichen Breitbandverstärker der Radar- oder Fernsehtechnik. Im letzteren Fall handelt es sich um die Übertragung und Verstärkung von periodischen Impulsen und Impulsgruppen; während im vorliegenden Fall diese statistisch verteilt erscheinen. Die Forderung nach Linearität für Impulse von etwa 10^{-2} bis hinunter zu 10^{-9} s Dauer läßt sich schwerer erfüllen; besonders zu beachten ist auch noch die Zusatzforderung, daß diese

Linearität auch für kleine Impulse bei Anwesenheit sehr großer Impulse erhalten bleiben muß.

Das typische Verhalten einer Verstärkerstufe für hohe Frequenzen (niedrige Frequenzen interessieren für die schnelle Impulstechnik im Augenblick nicht) läßt sich mit Hilfe der Laplace-Methode und dem in Abb. II.4.9 zugrunde gelegten Ersatzschema eindeutig beschreiben. (Für Einzelheiten siehe [*19*].)

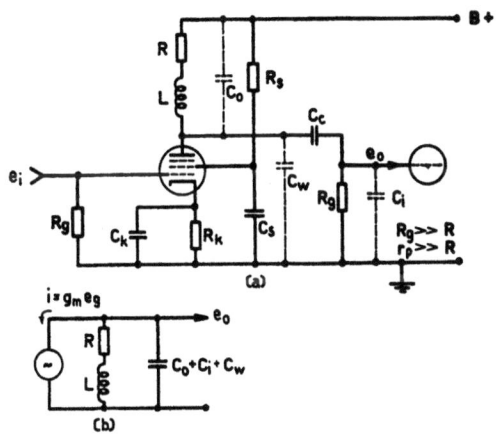

Abb. II.4.9. Typische Pentoden-Verstärker-Stufe mit Ersatzschema unter alleiniger Berücksichtigung der hohen Frequenzen. (C_0, C_i und C_w sind Ausgangs-, Eingangs- und Verdrahtungs-Kapazitäten)

Die Begriffe der Impuls-Anstiegszeit T_R und Verzögerungszeit T_D bilden die wesentlichen Elemente der Diskussion. Abb. II.4.10 zeigt deutlich den nachfolgend zu beschreitenden Weg der Rechnung. (Normierung der Fläche in der $e'(t)$-Darstellung auf 1.)

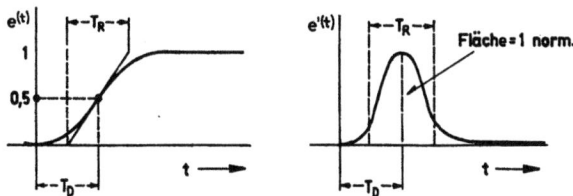

Abb. II.4.10. Definition von Anstiegszeit T_R und Verzögerungszeit T_D anhand einer typischen Rechteckimpulsantwort einer Pentoden-Verstärkerstufe

Aus Abb. II.4.10 folgt für die mathematische Darstellung der Verzögerungszeit T_D

$$T_D = \int_0^\infty t \cdot e'(t)\, dt \qquad (26)$$

und für die Impuls-Anstiegszeit T_R (resp. T_R^2)

$$T_R^2 = 2\pi \int_0^\infty (t - T_D)^2 \cdot e'(t)\,dt = 2\pi \left[\int_0^\infty t^2 e'(t)\,dt - T_D^2\right] \quad (27)$$

wobei die Anstiegszeit $T_R \sqrt{2\pi}$ mal der Standardabweichung der Kurve $e'(t)$ entspricht*.

Am Beispiel der widerstandsgekoppelten Verstärkerstufe (siehe Gl. 16, 17, 18) mit der Systemfunktion

$$G(s) = \frac{R}{1 + RC \cdot s}$$

berechnet sich unter Berücksichtigung der Gl. (26) und (27)

T_D und T_R zu $T_D = RC$ $T_R = \sqrt{2\pi}\,RC = 2{,}51 \cdot RC$

(die Def. nach Abb. II.4.7 ergibt für $T_R = 2{,}2 \cdot RC$).

Um die Eignung einer Verstärkerröhre für die Verwendung in einer „schnellen Verstärkerstufe" festzustellen, kann der Quotient aus Verstärkungsfaktor und Anstiegszeit, oft auch Gütefaktor Q genannt, herangezogen werden.

Für Pentode:
$$Q = \frac{V}{T_R} \cong \frac{S \cdot R}{T_R} = \frac{S}{\sqrt{2\pi} \cdot C_{\text{Total}}}. \quad (28)$$

Verstärkungsfaktor $V \times S \cdot R$ $\quad$ S: Steilheit der Röhre

Für die L-kompensierte Verstärkerstufe (siehe Gl. (19)) wird der Q-Wert

$$Q = \sqrt{\frac{16}{7}} \cdot \frac{S}{\sqrt{2\pi} \cdot C} \quad (29)$$

um den Faktor 1,5 größer. Der Vorteil der Kompensation der Streukapazitäten wirkt sich in der verkleinerten Anstiegszeit T_R in bezug auf die Rechteckstoß-Antwort aus.

In diesen Zusammenhang gehören auch die aus Gl. (26) und (27) ableitbaren Regeln für Mehrstufen-Verstärker**, die gewöhnlich in der klassischen Form des rückgekoppelten Verstärkers ausgebildet sind. (Hierzu mehr bei ELMORE [20].)

---

* Der Faktor $\sqrt{2}\,\pi$ ist so gewählt, daß dieser Wert T_R übereinstimmt mit demjenigen Wert, den man aus der Kurvensteigung entnimmt, wenn $e'(t)$ eine Gaußsche Fehlerverteilung darstellt. Die Kurve $e'(t)$ nimmt im Endwert, wenn sich die Anzahl der Verstärkungsstufen erhöht, in guter Näherung die Gaußsche Fehlerverteilungskurve an.

** Für die eigentlichen Probleme der praktischen Elektronik der Kernphysik mit der techn. Ausarbeitung von Apparaten und Geräten muß auf die Fachliteratur verwiesen werden. In modernen Laboratorien wird sich der Experimentalphysiker in Fachrichtung Kernphysik kaum mehr mit dem Bau solcher Geräte befassen, da eine ausreichend kommerzielle Produktion besteht.

1. Die Verzögerungszeiten addieren sich bei n-Stufen:

$$T_{D\text{Total}} = \sum_1^n T_{D_i} \qquad (30)$$

dagegen summieren sich die Quadrate der Anstiegszeiten

$$T_R^2 = \sum_1^n T_{R_i}^2 . \qquad (31)$$

2. Für eine gegebene Verstärkung ist die Impuls-Anstiegszeit T_R minimal, wenn alle n Stufen die kleine Impulsanstiegszeit T_R' aufweisen. Demzufolge wird

$$T_R = \sqrt{n} \cdot T_R' . \qquad (32)$$

Aus weiteren Überlegungen, für die auf [19] und [20] verwiesen werden muß, folgt für die minimale Anstiegszeit T_R bei bekannter Totalverstärkung V_T

$$T_{min} \sim \frac{1}{1,5} \left(\frac{\sqrt{2\pi} \cdot C}{S} \right) \cdot \sqrt{2 e \ln \cdot V_T}$$

wobei bei $V_T \sim 10^5$ und modernen Breitband-Pentoden eine Anstiegszeit von $\sim 3 - 4 \cdot 10^{-8}$ s theoretisch (bei 24 Stufen) realisiert werden könnte.

Verzögerungsleitungen

Als Übungsbeispiel für die Anwendung der Laplace-Transformation in der Netzwerk-Theorie kann das dynamische Verhalten von Verzögerungsleitungen bei aufgedrückten Rechteckimpulsen berechnet werden. Diese Schaltelemente spielen bei der experimentellen Durcharbeitung jeder schnellen Koinzidenz-Meßmethode eine große Rolle und sollen später besprochen werden.

Dagegen gehört die Behandlung der Verzögerungsleitung als ein Mittel zur Impulsabschneidung in diesen Abschnitt.

Die Differentiation der aus Ionisationskammern oder Proportionalrohren stammenden Signale mit Hilfe von RC-Gliedern, wie beispielsweise in diesem Abschnitt II.4.3 besprochen, führt in den seltensten Fällen zu einem kurzen, steil ansteigenden und ebenso rasch abfallenden Signal. Im Gegenteil darf im allgemeinen ein mehr oder weniger flach abfallender Impulsrücken erwartet werden, der einerseits das Auflösungsvermögen der Apparatur verschlechtert und andererseits das Signal-Rausch-Verhältnis belastet.

Durch eine einfache Anordnung (siehe Abb. II.4.11) läßt sich mit Hilfe einer Verzögerungsleitung als Schaltelement eine Impulsumformung im gewünschten Sinne einleiten.

Angenommen sei eine ideale Verzögerungsleitung, die verlustfrei arbeite und damit das Einheitssprungsignal unverzerrt übertrage. Beim Einsetzen des Impulses präsentiert die Verzögerungsleitung die Impedanz Z_c, daher wird $e_0 = \frac{1}{2} \cdot e_i$.

Zudem startet simultan eine Welle durch die Verzögerungsleitung. Das Signal wird durch das kurzgeschlossene Ende reflektiert, wobei zusätzlich ein Phasenwechsel erfolgt. Nach der Zeit $2T$ (T: Verzögerungszeit bei idealem Abschluß $T = \sqrt{L \cdot C}$) kommt die reflektierte Welle mit umgekehrtem Vorzeichen am Impulsende mit dem Abschlußwiderstand $R = Z_c$ an.

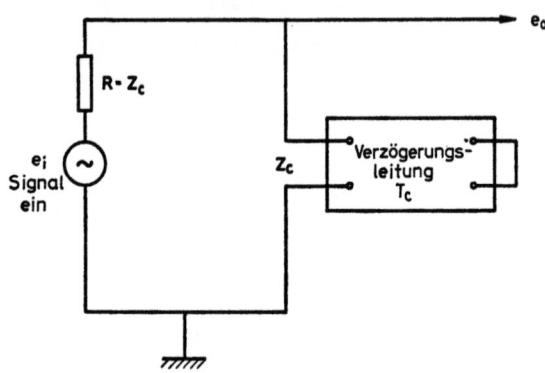

Abb. II.4.11. Impulsabschneide-Schaltung mit Hilfe einer Verzögerungsleitung

Der Impuls wird vom Serienwiderstand R aufgenommen und die Delay-line wirkt als Kurzschluß. Das Ausgangssignal geht auf Null. Die Einheitssprungfunktion ist in einen Rechteckimpuls der Zeitdauer $2T$ umgewandelt worden.

Eine wirkliche Verzögerungsleitung hat einen definierten Gleichstrom-Widerstand R_0. Der Ausgangsimpuls fällt nach der Zeit $2T$ nicht auf Null, sondern auf den Wert

$$\frac{R_0}{R_0 + Z_c} \cdot e_i.$$

Auch die endliche Anstiegszeit der Verzögerungsleitung muß dem allgemeinen System angepaßt werden.

Der Kunstgriff mit der beschriebenen Impulsabschneideschaltung muß besonders in den Fällen angewendet werden, bei denen das aus der schnellen Elektronenbewegung stammende Signal verstärkt werden soll.

II.5. Impulsspektroskopie mit Szintillationszählern

II.5.1. Übersicht über die prinzipielle Meßanordnung

Eines der wichtigsten Hilfsmittel moderner kernphysikalischer Forschung stellt die Szintillations-Impuls-Analyse dar. Das Anwendungsgebiet dieser Meßmethode ist die Energiebestimmung von Korpuskel- und Quantenstrahlungen bei Kernprozessen. Obwohl kombinierte Apparate, die magnetische und elektrische Felder für die Teilchenspektroskopie in Anspruch nehmen, in der Regel ein höheres Auflösungsvermögen aufweisen, hat sich in vielen Fällen die Szintillations-Meßmethode wegen der ganz beträchtlichen Einsparung an apparativen Mitteln durchgesetzt. Besonders Winkelverteilungsmessungen der emittierten Teilchen oder Quanten verlangen in einem großen Raumwinkel eine freie Beweglichkeit. Bei Koinzidenzmessungen spielen ferner die Ansprech-Empfindlichkeit der Zähler in bezug auf γ-Strahlen und geladene Teilchen, sowie der gegenüber der Quelle aufgespannte Raumwinkel eine Rolle.

Aus diesen Forderungen heraus ergibt sich allein schon der Bedarf an einem leichten und flexiblen Instrument.

Gegenüber den quantitativ registrierenden elektronischen Strahlungsdetektoren wie Ionisationskammern und Proportionalrohren besteht bei Szintillationszählern der Vorteil, daß für kleine Energien, besonders auch bei Teilchen mit hohem Brems-Wirkungs-Querschnitt (Protonen, α-Teilchen), die untere energetische Grenze für die Registrierbarkeit tiefer liegt, da die absorbierende Zwischenschicht in Form eines Folienfensters dahinfällt. Allein das Rauschen, das aus verschiedenen Quellen stammt, bestimmt die untere Ansprechschwelle. Ein weiterer Vorteil gegenüber den in Abschnitt II.3.3 und II.3.4 besprochenen Gasionisationszählern besteht darin, daß sich beim Szintillationszähler für alle vorkommenden Partikel und Quanten geeignete Szintillationsmaterialien finden lassen, die eine genügende Lichtausbeute in einem dem Multiplier entsprechenden Spektralbereich aufweisen. Die Dichten der Szintillatoren sind groß gegenüber Gasen, so daß ein wesentlicher Teil der Partikelenergie oder sogar die gesamte Energie, absorbiert wird. Der daraus resultierende große Wirkungsgrad darf als entscheidend angeführt werden. (Beispiel: Ansprechempfindlichkeit gegenüber γ-Quanten.) Im weiteren erlauben die Szintillationszähler um Zehnerpotenzen höhere Zählraten, wobei die höhere mittlere Impulszahl weniger bedeutend ist als vielmehr der kleinere tolerierbare Abstand zweier sich in einer statistischen Verteilung aufeinanderfolgender Impulse, der bis 10^{-9} s gehen kann.

Die Zahl der von einem ionisierenden Teilchen im Szintillations-Phosphor (oft auch Szintillator genannt) ausgelösten Photonen ist über große Energiebereiche praktisch linear. Demzufolge ergibt sich in Verbindung mit dem ebenfalls linearen Photoeffekt an der Kathode ein linearer Zusammenhang zwischen Teilchenenergie und Ausgangsimpuls. Der Szintillationszähler eignet sich daher in hervorragender Weise als Energiespektrometer, ohne daß auf seine anderen günstigen Eigenschaften verzichtet werden muß.

Es ist kaum auf eine andere Meßmethode in so kurzer Zeit so viel Arbeit verwendet worden.

Eine gerechte Darstellung des historischen Werdegangs des Zählers stößt auf viele Schwierigkeiten. Die einzelnen Effekte, die zur Anwendung gelangen, sind teilweise aus den Anfängen der Kernphysik bekannt. Der Szintillationszähler ist in gewissem Sinne die logische Weiterentwicklung einer der frühesten Partikelnachweismethoden (α-Teilchennachweis). Die ersten Arbeiten, die bereits die ganze Anordnung in einer ihrer vollen Bedeutung entsprechenden Weise darstellten, erschienen ab 1947 von KALLMANN und Mitarbeitern[*], denen noch in den gleichen Jahren englische und amerikanische Autoren folgten.

Die prinzipielle Wirkungsweise des Szintillationszählers kann folgendermaßen beschrieben werden: Die zu registrierenden Partikel dringen in eine fluoreszierende Schicht, den sog. Phosphor, ein und erzeugen kleine Lichtblitze. Das Licht dieser Szintillationen wird durch eine geeignete Optik auf eine Photokathode geworfen, wo infolge des Photoeffektes Elektronengruppen ausgelöst werden. Die primären Elektronen werden in einem elektrischen Feld beschleunigt und lösen auf einer in bestimmter Weise präparierten Metallfläche, der Dynode, Sekundärelektronen ab, die nach einer zweiten Dynode hin beschleunigt werden. Die kinetische Energie reicht aus, um weitere Sekundärelektronen auszulösen. Ist der mittlere Wirkungsgrad des Sekundäreffektes $\eta_s > 1$, so läßt sich auf diese Weise in n Stufen eine Verstärkung des primären Photostromes um $(\eta^s)^n$ erreichen.

Die Teilchenenergie wird praktisch in einen elektrischen Stromimpuls transformiert. Form und Höhe dieses Impulses sind in einer bestimmten Weise das Abbild des einfallenden Teilchens[**]. Die genaue Kenntnis dieser Abhängigkeit ist für das richtige Funktionieren des Zählers von fundamentaler Bedeutung. Meist wird auf eine eindeutige Beziehung zwischen Impuls-Amplitude und Teilchenenergie hintendiert, während die Form des Impulses von sekundärer Bedeutung ist.

Die ganze Apparatur zerfällt somit in zwei Hauptteile:

a) Den Detektor (Szintillationsphosphor, Photo-Sekundärelektronenvervielfacher[***] Integrationsnetzwerk für die Stromimpulse) und

---

[*] Beispiele: BROSER, I., H. KALLMANN und U. M. MARTINS: Z. Naturforsch. 4a, 204 (1949); oder H. KALLMANN: Phys. Rev. 75, 623 (1949).

[**] Um eine Idee über die zu erwartenden Ladungen an der Anode zu geben, sei folgendes Bild entworfen:
An der Photokathode werden 500 Elektronen ausgelöst. (Verstärkungsgrad des Multipliers: 10^6). An der Anode werden $5 \cdot 10^8$ Elektronen gesammelt, das entspricht bei einer Streukapazität C von 10 pF einem Spannungsimpuls

$$A V = \frac{Q}{C} = \frac{5 \cdot 10^8 \cdot 1,6 \cdot 10^{-19}}{10 \cdot 10^{-12}} = 8 \text{ Volt.}$$

[***] Photomultiplier.

b) die eigentlichen elektronischen Zusatzgeräte wie Linearverstärker, Impulsanalysatoren, Koinzidenzanordnungen, Registrier- und Netzgeräte.

Sollen die speziellen Möglichkeiten der Szintillationsmethode ganz ausgenützt werden, so ergibt sich aus der obigen Aufteilung die Forderung, daß die Grenzen ihrer Leistungsfähigkeit im ersten Teil durch prinzipielle physikalisch bedingte Schranken gegeben sein sollen und nicht im zweiten Teil durch rein apparative. Die an die elektronischen Geräte gestellten Anforderungen sind daher sehr groß.

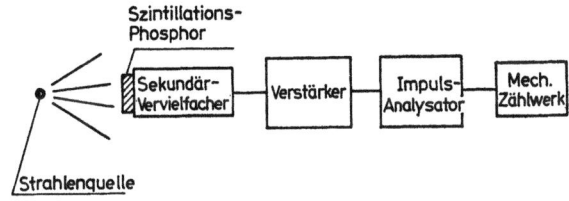

Abb. II.5.1. Blockschema eines Szintillations-Spektrometers

Es ist naheliegend, die unter a) zusammengefaßten Elemente einzeln zu besprechen. Während die elektronischen Zusatzgeräte wie Linearverstärker teilweise in Abschnitt II.4.3 behandelt worden sind und in den noch folgenden zusammenfassenden Bemerkungen über Impulsanalysatoren und Koinzidenzschaltungen weitere Angaben folgen werden, kann ein eingehendes Studium der Impulstechnik mit Realisation nicht die Aufgabe dieses Buches sein. Es muß daher auf die gut ausgebaute Literatur über Impuls-Elektronik im Dienste der Kernphysik verwiesen werden. Die eigentliche Impulsumformung und Verstärkung hat sich unabhängig von der Kernphysik weit entwickelt. Zudem sind heute auf dem Weltmarkt zu kommerziellen Bedingungen sämtliche Geräte, die für ein wohlausgerüstetes Szintillationsspektrometer nötig sind, kaufbar. Das Interesse verschiebt sich daher auf die unter a) aufgezählten Punkte, die für ein umfassendes Verständnis der Szintillations-Meßmethode unumgänglich werden.

Die eigentliche Detektoranordnung mit Quelle, Szintillator und „Photomultiplier" bildet das Kernstück der Szintillationsspektroskopie und entscheidet über den Erfolg.

II.5.2. Photo-Sekundärelektronenvervielfacher (Photomultiplier)

Von der großen Zahl der Varianten für Vervielfacherröhren haben sich der elektrostatisch fokussierte Typ (Beispiele: RCA, Du Mont*) und die nichtfokussierende Ausführung mit linearer Anordnung der

---
* Allen B. Du Mont Laboratories, Inc. (Clifton New Jersey).

80 Detektoren zum Nachweis und für die Spektroskopie der Kernstrahlung

jalousieladenförmigen Dynoden (Beispiel: EMI*) durchgesetzt (siehe Abb. II.5.2).

Bei den fokussierenden Ausführungen sind die Elektroden derart angeordnet, daß die Potentialverteilung zwei Bedingungen erfüllt.

a) vorerst muß das Feld derart beschaffen sein, daß auf der Dynoden-Oberfläche die Elektronen weggesogen werden.

b) und zudem die Sekundärelektronen zur nächstfolgenden Dynode gelangen.

Scharfe Brennflecke, die die Dynoden ermüden, sind zu vermeiden, ebenso weite freie Weglängen zwischen nicht aufeinanderfolgenden Dynoden; dies zur Eliminierung von Rückkopplungseffekten über die Restionen im Hochvakuum.

Bei den nichtfokussierenden Vervielfacherröhren sind die Dynoden hintereinander angeordnet und dazwischen befindet sich ein Beschleunigungsgitter. Konstruktiv gesehen

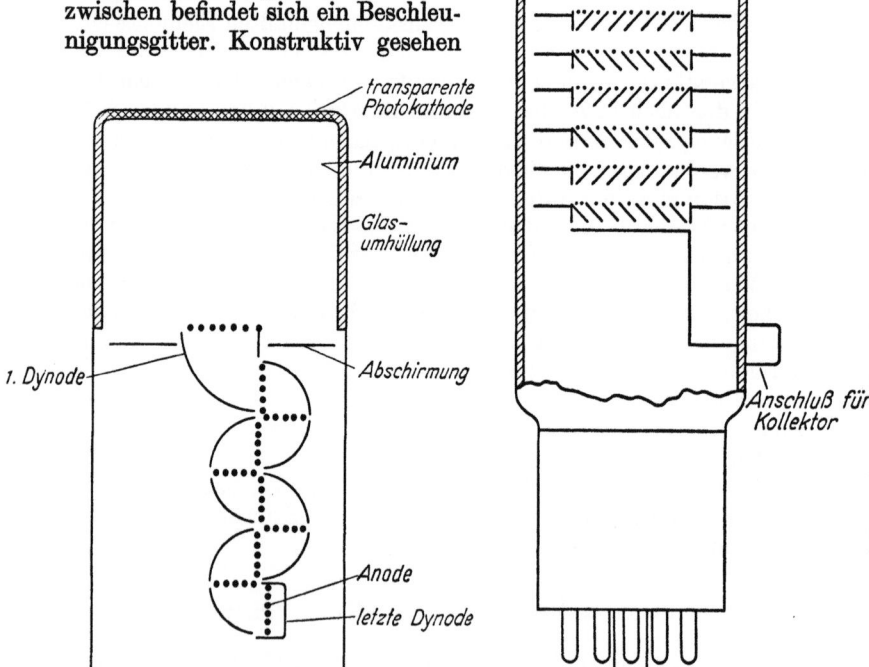

Abb. II.5.2. Dynoden-Struktur des Du Mont-Photovervielfachers und der EMI-Ausführung

* E. M. I. Electronics, Ltd. (Hayes, Middlesex, England).

weisen alle neuen Ausführungen ebene geschliffene Glasfenster mit unmittelbar darunter aufgedampften Mehrschicht-Photo-Kathoden auf. Hier werden die Elektronen von der Gegenseite des Lichteinfalles wegbeschleunigt. Der Phosphor, in vielen Fällen ein geschliffener Einkristall, wird, wenn nötig, mit einem Immersionsmedium optisch mit der Außenseite der Kathodenfläche verbunden.

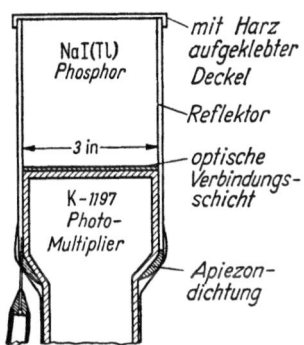

Abb. II.5.3. Aufbau eines NaJ(Tl*)-Einkristalles auf einen „flachen" Photovervielfacher (Kathodenfläche identisch mit Kristalldurchmesser, günstige Anordnung für γ-Spektroskopie). Die Reflektoren dienen zur Erhöhung der Lichtausbeute

Für die technische Beurteilung des Photovervielfachers spielen folgende Kriterien eine Rolle:

Spektrale Empfindlichkeit der aufgedampften Photokathoden, Stufenspannung (zwischen den Dynoden), mittlerer Verstärkungsgrad, mittlere Elektronenlaufzeit, Einfluß von äußeren Magnetfeldern auf das System, Eignung für spektroskopisches Arbeiten und schlußendlich Prüfung auf unerwünschte Nebeneffekte, die beispielsweise darin bestehen, daß die Impulshöhe einer bekannten γ-Linie mit der Stoßzahl variiert. Dieser letzte, erst 1954 entdeckte Störeffekt [21, 22] kann für Präzisionsmessungen erhebliche Folgen haben.

Als photosensitives Material wird in den modernen Röhren (siehe Tabelle II.5.1) fast ausschließlich eine intermetallische Verbindung von Cäsium und Antimon (Cs_3Sb) verwendet. Im Gegensatz zum reinen Oberflächenphotoeffekt, dem sog. äußeren Photoeffekt (Beispiel: Cäsium-Cäsiumoxyd-Silber-Schichten) handelt es sich hier um einen „inneren Effekt", bei dem die Photonen bis in die Tiefe von einigen Zehn Å noch Elektronen ablösen. Neue Typen von Photokathoden auf der Sb-K-Na-, sowie auf der Sb-K-Na-Cs-Basis versprechen noch höhere Empfindlichkeiten. Die Abwesenheit von Cs in der ersten Schichtfolge verringert wahrscheinlich das Dunkelrauschen und gestattet daher höhere Dynoden-Spannungen.

Die spektrale Empfindlichkeit der Kathoden wird in der sog. S-Skala angegeben (Tabelle II.5.1), wobei bei der gebräuchlichsten Cs-Sb-Kathode das Empfindlichkeitsmaximum bei 4400 ± 500 Å liegt.

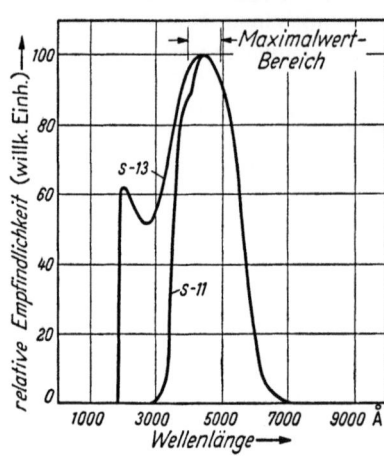

Abb. II.5.4. Empfindlichkeitskurven typischer Photokathoden. (S-11: Cs-Sb. S-13: auch Cs-Sb, aber auf Quarz-Glas/-aufgedampft)

Die Stufenspannung zwischen den einzelnen Dynoden schwankt bei allen Typen zwischen 100 und 180 Volt, wobei auf eine ausreichende Stabilität zu achten ist (Konstanz der Verstärkung). Bei 10—14 Stufen sind Verstärkungsfaktoren von $2-10 \cdot 10^6$ üblich. Die Elektronenlaufzeit bewegt sich je nach Geometrie der Elektronen (Laufzeit) in den Grenzen von 30—60 mµs (10^{-9} s). (EMI-Ausführung hat kürzere Laufzeit.) Für die Brauchbarkeit als Meßinstrument entscheidet aber die Streuung in der Elektronenbahnlänge. Davon hängt das zeitliche Auflösungsvermögen ab. Für einen 16-stufigen Linearvervielfacher mit einer Elektronenanordnung gemäß Abb. II.5.5 wurde theoretisch eine Streuung von $1{,}7 \cdot 10^{-9}$ s gefunden. Dazu kommt aber noch die durch die verschie-

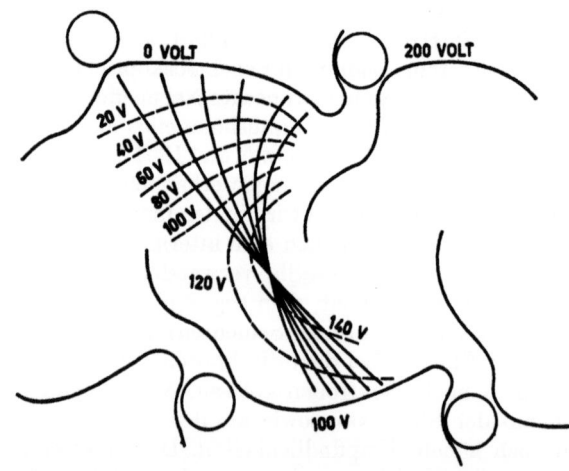

Abb. II.5.5. Beispiel einer Elektrodenanordnung eines 16-stufigen Linearvervielfachers. (Man beobachte an den eingezeichneten Elektronenbahnen die Weglängen-Unterschiede)

denen Elektronen-Anfangsgeschwindigkeiten hervorgerufene Streuung, die nochmals $\sim 4 \cdot 10^{-9}$ s ausmacht, so daß für die Totalstreuung etwa $5 \cdot 10^{-9}$ s herauskommt. (Austrittsgeschwindigkeit resp. Energie variiert zwischen 0—3 eV.)

Die langsamen Elektronen im Dynodensystem sind auf magnetische Felder sehr empfindlich. Richtungsablenkungen führen zu Verlusten beim Vervielfachungsprozeß und setzen das energetische Auflösungsvermögen herunter. Eine Abschirmung mit mehreren koaxialen Zylindern aus hochpermeablen Eisen-Nickel-Legierungen ist unbedingt erforderlich, da selbst das Erdfeld eine merkliche Verschlechterung des energetischen Auflösungsvermögens * herbeizuführen vermag.

In vielen Fällen muß sogar ein Lichtleiter aus Plexiglas oder Polystyren zwischen Phosphor und Vervielfacher-Röhre geschaltet werden, damit die Magnetfeldstörungen, die beispielsweise von einem Spektrometer stammen könnten, behoben werden. (Lichtleiter muß von einem Reflektor wie Al-Folie umhüllt sein **.)

Eine wesentliche Rolle beim Multiplier spielt die thermische Emission an der Photokathode. Sie ermöglicht schon bei Zimmertemperatur einer großen Zahl von Elektronen, ohne Lichteinfluß die Kathode zu verlassen und in die Vervielfacherstufen einzutreten. Diese Impulse bilden einen Untergrund im zu messenden Impulsspektrum, der in vielen Fällen die untere Grenze der noch registrierbaren Einfallsenergien bildet. Die Thermoemission der Cs_3Sb-Kathode variiert mit dem Darstellungsverfahren; im Mittel beträgt sie 5000 Elektronen/cm^2 · s bei 30 °C. Der Temperaturgang des sog. Dunkelstromes wird durch die Richardsonsche Gleichung

$$j = a\, T^2 e^{-\frac{A}{KT}}$$

beschrieben.

Die thermische Emission kann durch Kühlung heruntergesetzt werden. Im allgemeinen ist aber dieses Mittel der Wahl umständlich und bei tiefen Temperaturen entstehen beim direkt auf dem Glaskolben aufgebrachten Phosphor Schwierigkeiten, die teilweise im Szintillationsmechanismus selbst, aber auch in der Immersionsflüssigkeit (Abreißen der optischen Verbindung) zu suchen sind. Die

---

* Nach GERLICK und WRIGHT: $\Gamma = \sqrt{\dfrac{5{,}54}{N}\left(\dfrac{\eta_s}{\eta_s - 1}\right)}$
energetisches Auflösungsvermögen Γ; N: Zahl der Primärelektronen; η_s: Wirkungsgrad des Sekundäreffektes > 1.

** Soll eine möglichst gute Energieauflösung angestrebt werden, sind Lichtleiter zu vermeiden. Denn abgesehen von Absorptions- und Reflexionsverlusten verschlechtern sie durch statistische Streuung in der Anzahl der internen Reflexionen das Auflösungsvermögen beträchtlich.

weitere Entwicklung geht eindeutig dahin, durch geeignete Kathodenschichten die Thermoemission zu vermeiden und die Infrarotempfindlichkeit herabzusetzen.

Eine andere Möglichkeit, die Zahl der Rauschimpulse herabzusetzen, besteht in einer Koinzidenzanordnung zweier Zähler, die mit demselben Phosphor arbeiten (Abb. II.5.6).

Die Koinzidenzstufe gibt nur dann einen Impuls weiter, wenn von beiden Zählern ein Signal kommt. Das ist für ein „wahres" Ereignis stets der Fall.

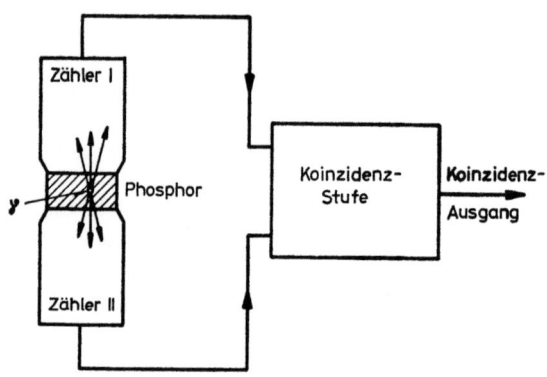

Abb. II.5.6. Koinzidenzspektrometer zur Verminderung der Zahl der thermischen Rauschimpulse

Die Rauschimpulse stammen von Elektronen, die in jeder Multiplier-Photokathode ausgelöst werden.

(Beispiel: $\quad N_R = 5 \cdot 10^3/\text{s}; \quad \tau_K = 5 \cdot 10^{-8}\text{s}$

$N_{\text{zufällig}} = 2\,\tau_K \cdot N_{R1} \cdot N_{R2} \quad N_{R1} = N_{R2}$

$= 2 \cdot 5 \cdot 10^{-8} \cdot 25 \cdot 10^6 = 2,5\,\text{Stöße/s})$.

Die Dynodensensibilisierung für den Sekundärprozeß in der Photovervielfacherröhre erfolgt mit intermetallischen Cäsium-Antimon- oder Silber-Magnesium-Verbindungen. Das Verfahren weicht aber wesentlich von dem der Photosensibilisierung ab. Die Ausbeute beim Sekundärprozeß ist eine Funktion der Geschwindigkeit der einfallenden Teilchen, das heißt der Beschleunigungsspannung.

Es ist schwer, allgemeine Richtlinien für die Verwendbarkeit der handelsüblichen Elektronenvervielfacher für spektroskopische Arbeiten aufzustellen. Fokussierende Dynodensysteme scheinen im

Vorteil zu sein. Besonders unangenehm macht sich bei einigen Typen der Impulshöhen/Zählrate-Effekt bemerkbar, der anhand von Messungen in Abb. II.5.7 diskutiert werden soll.

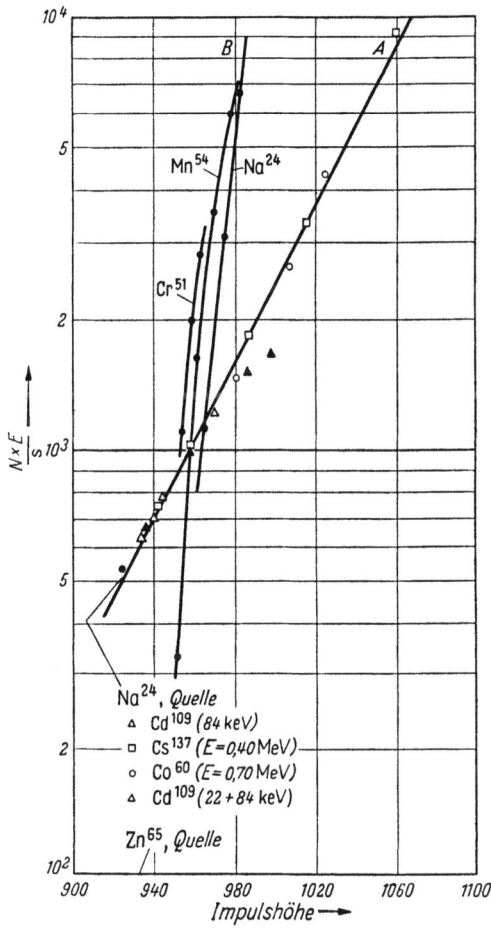

Abb. II.5.7. Impulshöhe in Abhängigkeit von dem Produkt Stoßzahl /s · mittlere Energie [*22*]
Kurve A: Du Mont 6292-Multiplier, Kurve B: Du Mont 6363-Multiplier

II.5.3. Anorganische und organische Szintillatoren (Phosphore)

Die klassischen Arbeiten über den Fluoreszenzeffekt in kondensierten Systemen (Festkörpern und Flüssigkeiten) von LENARD, TOMSCHEK und anderen liegen schon über dreißig Jahre zurück. Während man früher fast ausschließlich für die Anregung UV-Licht verwendete, interessiert heute die korpuskulare und die γ-Quanten-Anregung.

Bei der Anregung mit UV-Strahlen handelt es sich um Anregung eines ganz bestimmten Elektronenüberganges. (Ausbeute bei Absorptionskante Beispiel ZnS ~ 1.) Viel schwieriger wird die Situation bei der Einstrahlung von Partikeln, da nicht ein bestimmter Elektronenübergang in der Substanz möglich wird, sondern alle überhaupt möglichen Übergänge geringer Energie stattfinden. Dem entspricht die experimentelle Tatsache, daß eine ganze Reihe hervorragender UV-Leuchtstoffe bei Anregung mit Kernstrahlung eine verschwindende Ausbeute aufweisen. Ein solches Verhalten liegt immer dann vor, wenn die Fluoreszenz auf einem Elektrodenübergang beruht, in dem optisch stark selektiv absorbiert wird, der aber nur mit relativ geringer Häufigkeit in der Substanz auftritt und auf den eine Energieübertragung von anderen Elektronen nicht möglich ist.

Die fluoreszierenden Substanzen, die als Szintillatoren eingesetzt werden, sind in pulverförmiger, also polykristalliner, in monokristalliner, amorpher und in flüssiger Form einsetzbar.

Man unterscheidet zwischen organischen und anorganischen Phosphoren, die neben völlig verschiedenen experimentellen Eigenschaften in bezug auf Abklingzeit, Lichtausbeute, emittiertes Spektrum auch verschiedener Mechanismen zur Erklärung der Fluoreszenz-Prozesse bedürfen, die teilweise noch sehr umstritten sind.

Alle organischen Phosphore, die sich bisher zu Szintillationszwecken als geeignet erwiesen haben, sind reine und substituierte Kohlenwasserstoffe, deren Moleküle konjugiert-doppeltgebundene C-Atome in Benzolringen enthalten. Das Leuchten beruht auf intramolekularen Übergängen. Die Fluoreszenz der organischen Phosphore ist charakterisiert durch sehr kurze Abklingzeiten, die mit abnehmender Temperatur abnehmen.

(Beispiel Anthracen: $-180\,°C$: $\quad \tau = 0{,}012 \cdot 10^{-6}\,s$
$\quad\quad\quad\quad\quad\quad\quad + \;\; 40\,°C$: $\quad \tau = 0{,}038 \cdot 10^{-6}\,s$).

Bei lumineszierenden anorganischen Substanzen dagegen wird in energetisch abgeschlossene Zentren ein Teil der Einfallsenergie in Form von Photonen abgestrahlt. Am Absorptions- und Leuchtvorgang nehmen vielfach nicht einzelne Atome oder Moleküle teil, sondern große Komplexe von Atomen und Molekülen. Die nötigen Störstellen zur Bildung der Leuchtzentren werden dem Phosphor in Form sehr geringer Mengen eines Fremdstoffes (meist Thallium) als Aktivator eingebaut. (Beste Konzentration bei NaJ $\sim 10^{-3}$; Effekte sind aber bei Konzentration $< 10^{-6}$ zu beobachten.)

Anorganische, mit Tl-aktivierte Phosphore zeigen im Vergleich zu den organischen Szintillatoren höhere Lichtausbeuten bei Abklingzeiten von 0,25 bis 10 μs.

Allen Fluoreszenzstoffen gemeinsam ist das Problem der Reindarstellung. Einkristalle können mit Hilfe des Zonenschmelzverfahrens am besten hergestellt werden.

(Über die komplexe Theorie der Lumineszenz der Kristalle gibt es viele Standardwerke, die allerdings keinen Beitrag für die experimentelle Anwendung der Phosphore in der Kernphysik leisten können.)

Die experimentellen Forderungen, die an einen Phosphor theoretisch gestellt werden müssen, lassen sich unter folgenden Punkten zusammenfassen:

a) Die spektrale Lage des Fluoreszenslichtes soll mit der Empfindlichkeitskurve der Photokathode möglichst zusammenfallen. (Siehe Abb. II.5.8.)

b) Die Abklingzeiten τ sollen sich in den Größenordnungen $\leq 10^{-6}$ s bewegen.

c) Die Lichtausbeute in bezug auf Korpuskel-Einfall und γ-Einstrahlung (hohes Z) soll möglichst groß sein, wobei als Lichtausbeute in der Literatur in der Regel ein relativer Vergleich * zu der Ausbeute von Anthracen ($= 100$ für hochenergetische β-Anregung) vorgenommen wird.

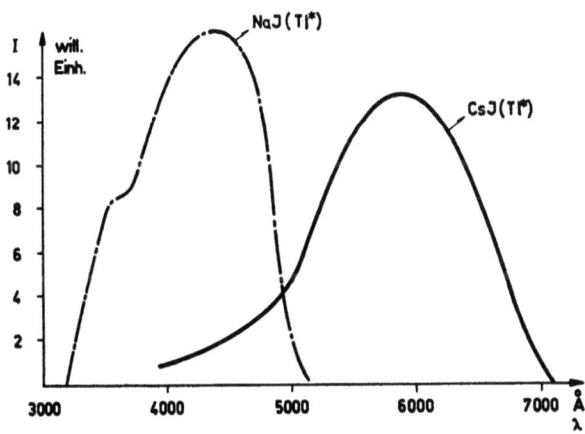

Abb. II.5.8. Emissionsspektren von NaJ(Tl*) [23] und CsJ(Tl)* [24]-Einkristallen bei Anregung mit Cm²⁴² α-Teilchen (bei NaJ(Tl*)) resp. 45 KeV Elektronen (CsJ(Tl*))

Eine Vergleichstabelle der gebräuchlichsten Phosphore sollte unbedingt auch Bemerkungen über die bevorzugten Anwendungsfälle aufweisen.

---

* Als Lichtausbeute η kann auch absolut der Wirkungsgrad definiert werden als Verhältnis der abgegebenen Energien zu der absorbierten Energie.

$$\eta = \frac{n \cdot E_{\text{Photon}}}{E_{\text{Abs.}}} \qquad n: \text{Anzahl Photonen.}$$

Tabelle II.5.1. *Anorganische und organische Szintillatoren.* (Beispiele aus der Auswahl der gebräuchlichsten Phosphore)

Phosphor	Dichte g/cm³	Schmelz-punkt °C	max. Emis-sion Å	Fluoreszens-Zerfallzeit 1 δ	Rel. Impuls-höhe ²	Linearität	Bevorzugter Einsatz
NaJ (Tl*) [3]	3,61	651	4100	$0{,}25 \cdot 10^{-6}$	100 per def. (β)	10—1500 KeV für γ 1—650 KeV für e^-	γ-Spektroskopie β, α [4]
CsJ (Tl*) [3]	4,51	621	5900	$0{,}55 \cdot 10^{-6}$	28 ($\alpha/\beta = 0{,}5$)	Protonen 0,88—4,3 MeV	γ-Spektroskopie [5]
ZnS (Ag*) [7]	4,10	1850	4500	$\sim 10 \cdot 10^{-6}$	$\sim 100\ (\beta)$ $\sim 180\ (\alpha)$		β, α [6], p α
LiJ (Eu*)	—	—	~ 4400	$2 \cdot 10^{-6}$	36	—	Neutronen Li⁶ (n, α) H³
Anthracene C₁₄H₁₀	1,25	217	4450	$23-38 \cdot 10^{-9}$	100 per def. [8]	$\beta > 125$ KeV $\alpha/\beta = 0{,}1$	β, ev. α
Stilebene C₁₄H₁₂	1,16	124	4100	$6{,}4 \cdot 10^{-9}$	60	$\alpha/\beta = 0{,}1$	β, ev. α
p-Terpenyl in Phe-nylcyclohexan mit Zusatz möglich [9]	0,86		~ 3600	$\leq 3 \cdot 10^{-9}$	48—53 bez. auf [8]	—	ion. Teilchen
Feste Mischung von p-Terpenyl in Poly-styren	1,06		~ 3550	$< 3 \cdot 10^{-9}$	28—36 bez. auf [8]	—	ion. Teilchen

[1] Zeit in der der Lichtimpuls auf den 1/e-Wert abklingt.
[2] Bezogen auf NaJ(Tl) für β-Teilchen
[3] Günstigster Tl-Zusatz: 10^{-3}
[4] Hygroskopisch, Fenster nötig
[5] Siehe Tabelle II.5.2.
[6] Siehe Tabelle II.5.3.
[7] Nur kleine Einkristalle möglich
[8] Bezieht sich auf β-Anregung
[9] Beispiel: 2-5-di-(4-biphenylyl)-oxazole

In der Tabelle II.5.1 wird versucht, nicht nur die physikalischen Daten der organischen und anorganischen Substanzen zusammenzustellen, vielmehr sollen auch die wesentlichsten, günstigsten Anwendungsgebiete angedeutet werden. (Eine Systematik findet man bei BIRKS [25].)

Die Auswahl der Phosphore in Tabelle II.5.1 umfaßt praktisch alle wichtigen und gebräuchlichen anorganischen Szintillatoren; bei den organischen Substanzen wird neben bekannten Versuchen auf Kristallbasis wie Anthracen und Stilben je ein Beispiel für Flüssigkeitsszintillatoren und Plastikszintillatoren ausgewählt.

Leider sind die experimentellen Daten über das Verhalten der verschiedenen Szintillatoren gegenüber den verschiedensten Teilchenstrahlen unvollständig und teilweise auch widersprechend. Besonders gut untersucht sind in dieser Beziehung NaJ(Tl*), Anthracen und Stilben. Eine sehr gute Zusammenstellung findet man bei MOTT und SUTTON [26]. Daselbst sind auch die Reichweite-Energie-Kurven und die Kurven für das Bremsvermögen der Elektronen, Protonen und anderer Teilchenarten zu finden. Ebenso enthält diese Zusammenfassung auch die für die absolute γ-Intensitätsmessung in NaJ(Tl*)-Einkristallen benötigten Angaben für die Ansprechempfindlichkeit ε in Abhängigkeit von E_γ.

$\varepsilon(E_\gamma) = \dfrac{n_t}{n_0 \Omega_c}$ wobei n_0 die Anzahl der von der Quelle emittierten γ-Strahlen und n_t die totale Anzahl der registrierten γ-Quanten der Energie E_γ darstellt. ($4\pi\Omega_c$: von Quelle und Detektor aufgespannter Raumwinkel.)

Die für verschiedene Geometrien und Kristallgrößen gerechneten Kurven umfassen praktisch alle vorkommenden experimentellen Anordnungen. Im Zweifelsfalle muß die experimentelle Anordnung auf eine gerechnete Tafel angeglichen werden.

In Tabelle II.5.2 werden die berechneten linearen Absorptionskoeffizienten μ und die Photo-Absorptions-Koeffizienten μ_p von CsJ und NaJ verglichen. Es wurden dazu die Ergebnisse von MAEDER [27] et al. verwendet. Der lineare Absorptionskoeffizient und der Photokoeffizient ist für CsJ bei allen Energien um etwa 20% höher als für NaJ. Speziell im Energiebereich von 1—2 MeV liegt das Verhältnis vom Anteil der Photoelektronen zum Anteil der Comptonelektronen günstiger, das heißt der effektive Anteil an Photoelektronen ist höher. (Tabelle II.5.2 bezieht sich auf zylindrische Kristalle mit Länge l.)

Die Diskussion des γ-Spektrogramms beispielsweise einer Quelle mit $E_\gamma > 1$ MeV (Beispiel Na^{24}-Spektrum mit zwei γ-Linien von $E = 1,38$ und $2,76$ MeV) ist nicht einfach und bei noch komplexeren Spektren wirken die Dublette und Triplette noch störender. Nach der innerhalb des Auflösungsvermögens scharfen Photolinie folgt

Tabelle II.5.2. *Vergleich von CsJ und NaJ in bezug auf Ansprechwahrscheinlichkeit und das Verhältnis Photo-Absorptionskoeffizient zu totalem Absorptionskoeffizient* (nach MAEDER [27])

γ Energie	Lin. Absorptionskoeffizient μ		μ_p/μ		Ansprechwahrscheinlichkeit					
MeV	cm^{-1}				$l = 1$ cm		$l = 2,5$ cm		$l = 10$ cm	
	NaJ	CsJ	NaJ	CsJ	NaJ	CsJ	NaJ	CsJ	NaJ	CsJ
0,25	0,77	1,12	0,52	0,60	0,54	0,67	0,85	0,94	1	1
0,5	0,33	0,43	0,17	0,21	0,28	0,35	0,56	0,66	0,96	0,98
1	0,21	0,25	0,049	0,068	0,19	0,22	0,40	0,46	0,87	0,92
2	0,147	0,180	0,016	0,025	0,136	0,165	0,31	0,36	0,77	0,83
3	0,125	0,155	0,008	0,009	0,117	0,143	0,27	0,32	0,71	0,78

μ_p = Linearer Photo-Absorptionskoeffizient.

nach kleineren Energien hin der Anteil der Compton-Elektronen mit der Compton-Spitze. Im Beispiel Na^{24} wird eine von der Paarerzeugung der 2,76 MeV-Linie herrührende Spitze im Untergrund der Comptonelektronen beobachtet. Von der Meßtechnik her gesehen ist es daher günstig, wenn der Anteil der Photoelektronen im Vergleich zu den Comptonelektronen und Paarelektronen steigt (siehe auch Tabelle II.5.2). Die Photospitze läßt sich auch energetisch im Zweifelsfall einfach bestimmen. (Eichmessungen mit Testsubstanzen, deren Zerfallsschema genau bekannt ist.)

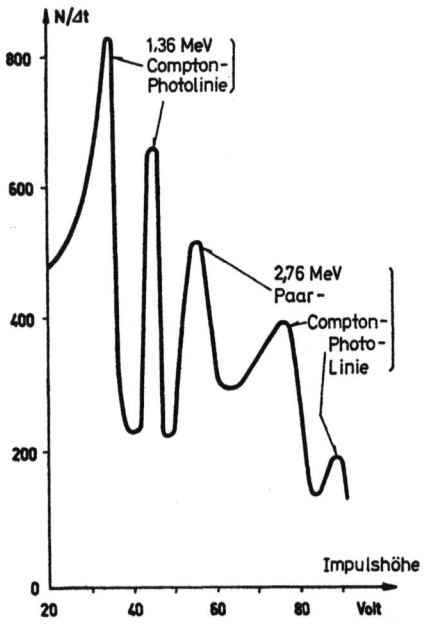

Abb. II.5.9. γ-Spektrogramm des Na^{24}-Isotops. (NaJ (Tl*)-Kristall). Experimentell bestimmte Halbwertsbreite der zu der 1,38 MeV γ-Linie gehörenden Photospitze: 10—11%

Um die Interpretation komplizierter γ-Spektrogramme zu erleichtern, kann in vielen Fällen unter Verzicht auf den hohen Wirkungsgrad der anorganischen Phosphore ein organischer Szintillator eingesetzt werden, bei dem nur die Comptonlinie auftritt. Eine bessere Methode ist jedoch bei ausreichender Quellstärke die Benutzung eines Zwei- und Mehrfachkoinzidenz-Spektrometers. Dabei gibt es verschiedene Möglichkeiten: Im Compton-Spektrometer wird das einfallende γ-Quant und das Comptonrückstoßelektron in je einem Zähler registriert. Im Szintillations-Paarspektrometer dagegen werden die sekundären γ-Quanten der Annihilationsstrahlung gemessen, die beim Verschwinden des Positrons im Paareffekt erzeugt wird.

Für sehr hochenergetische γ-Strahlen (> 50 MeV), wie sie bei Experimenten in der Hochenergiephysik auftreten, werden vorwiegend flüssige oder plastische Szintillatoren in einer Koinzidenzanordnung verwendet, wobei gleichzeitig das Positron und das Elektron des Paarprozesses gemessen werden.

Bei der weiteren Diskussion der in der Übersichtstabelle II.5.1 aufgeführten Phosphore und ihres bevorzugten Einsatzes muß über die Neutronenmessung einiges gesagt werden. Bei schnellen Neutronen wird für den Nachweis die elastische Streuung an stark wasserstoffhaltigen Szintillatoren herangezogen, verbunden mit einer spektroskopischen Messung der Rückstoßprotonen.

Variiert man den Winkel φ zwischen dem Rückstoßkern und dem einfallenden Neutron zwischen $0°$ und $90°$ (keine Energieübertragung), dann hat das Rückstoßproton Energien zwischen

$$E_{p_{max}} = \frac{4 M m}{(M+m)^2} \cdot E_n \qquad \begin{array}{l} M\text{: Protonmasse} \\ m\text{: Neutronmasse} \end{array}$$
$$\text{und } 0$$

Bei der Annahme einer isotropen Streuung im Schwerpunktsystem sind alle Rückstoßenergien zwischen 0 und $E_{p_{max}}$ gleich wahrscheinlich. Der Zusammenhang zwischen Rückstoß-Energie und Winkelverteilungen kann auch dazu benutzt werden, die Winkelverteilung der gestreuten Neutronen aus Beobachtungen der Energieverteilungen der Rückstoß-Kerne zu ermitteln.

$$E_p = \frac{4 M m}{(M+m)^2} \cdot \cos^2 \varphi \cdot E_n .$$

Wünscht man Informationen über die Energie der einfallenden Neutronen aus der Rückstoßenergie, ist es am einfachsten, diese Rückstöße zu beobachten, die einen festen Winkel mit den einfallenden Neutronen bilden (Kollimation). Es ist jedoch möglich, die Energieverteilung der einfallenden Neutronen $N(E_n)$ aus der Energieverteilung der Rückstoßkerne $R(E_p)$ in allen Richtungen zu erhalten, wenn der differentielle Streuquerschnitt σ_s als Funktion der Neutronenenergie und des Streuwinkels bekannt ist.

Wenn die Streuung im Schwerpunktsystem isotrop ist, kann die Neutronenenergieverteilung aus der Rückstoßverteilung durch eine einfache Differentiation

$$N(E_n) = - \frac{E_p}{n \cdot \sigma_s} \cdot \frac{dR_p}{dE_p},$$

wobei n die Anzahl der gestreuten Kerne pro cm² darstellt, erhalten werden.

Als Szintillatoren eignen sich plastische Phosphore oder organische Einkristalle, die möglichst viele H-Atome enthalten.

Anthracen: Anzahl Wasserstoffatome pro Molekül $x = 12$
(ebenso Silben)
oder Terphenyl in p-Xylen: $x = 10$.

Der Wirkungsgrad ε eines Rückstoß-Zählers kann mit dem Verhältnis Neutronenzählrate/s zu totale Anzahl der einfallenden Neutronen/s angegeben werden

$$\varepsilon = \frac{n}{I_v \cdot a \cdot dv}$$

$I_v \cdot dv$: Intensität des Neutronenstrahles, der pro s und cm² durch den Kristall (Szintillator) geht.
a: Fläche des Detektors.

Anzahl der registrierten Neutronen/s:

$$n = \frac{I_v \cdot x \cdot L \cdot \varrho \cdot V}{M} \cdot \sigma_{(v)} \cdot dv$$

L: Loschmidtsche Zahl
ϱ: Dichte
M: Grammolgewicht des Szintillators
V: Volumen des Phosphors
$\sigma_{(v)}$: Wirkungsquerschnitt von Wasserstoff für die Streuung von Neutronen der Geschwindigkeit v.
x: Anzahl Wasserstoffatome pro Molekül

$$\varepsilon = \frac{x \cdot N \cdot \varrho \cdot V \cdot \sigma_v}{M \cdot a}$$

$V/a =$ effektive Spurenlänge. (Man soll V/a derart wählen, daß die Rückstoßprotonen eine ausreichende Reichweite im Kristall aufweisen, damit der Impuls auch über das Rauschen herausragt.

Beispiel: Anthracen: $x = 12$
$V/a = 1$
$\sigma_s = 4 \cdot 10^{-24}$ cm² für 1 MeV-Neutronen
$\varrho = 1{,}16$
$M = 180$

$$\varepsilon = \frac{1{,}2 \cdot 6 \cdot 1{,}16 \cdot 10^{24}}{1{,}8 \cdot 10^2} \cdot 4 \cdot 10^{-24} = \boldsymbol{0{,}18} \text{ (entspr. 18\%)}.$$

Im Prinzip handelt es sich um eine sehr effektive Methode.

Für die Messung thermischer Neutronen eignen sich die Lithiumjodid-Phosphore* wie LiJ(Eu*) (siehe Tabelle II.5.1), in denen sich die Einfangsreaktion $Li^6(n,\alpha)H^3$ abspielt. (Li^6-Anteil im natürlichen Li: 7,4%.) Alphateilchen und Triton haben zusammen eine Energie von 4,79 MeV, so daß sich deren lichtstarke Szintillationen gut gegen γ-Impulse diskriminieren lassen.

In der nachfolgenden Abb. II.5.10 ist der berechnete Neutronen-Zähl-Wirkungsgrad ε für LiJ-Kristalle in Abhängigkeit von deren Dicke auf den Neutronenenergien als Parameter aufgezeichnet. (Effekte hervorgerufen durch Neutroneneinfang an Jod werden vernachlässigt.)

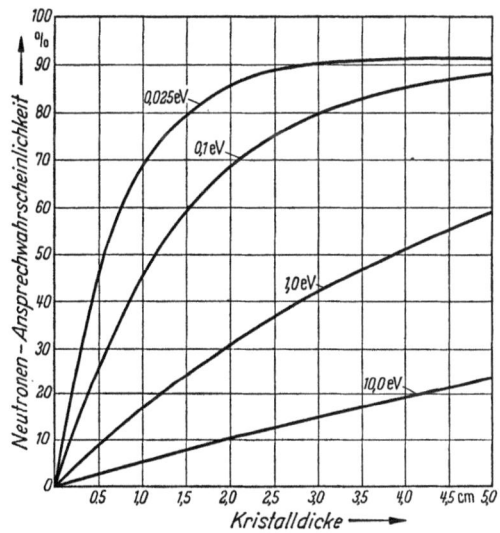

Abb. II.5.10. Wirkungsgrad eines Lithiumjodid-Kristalles als Detektor für langsame Neutronen. (Kurven-Parameter: Neutronenenergie)

Als abschließende Diskussion der in der zusammenfassenden Tabelle II.5.1 aufgezählten Eigenschaften einiger der gebräuchlichsten Phosphore sind einige Bemerkungen über die sog. Lichtausbeute notwendig. Bei den anorganischen Szintillatoren bezieht man sich relativ auf die Ausbeute von NaJ(Tl*), bei den organischen auf Anthracen, wobei es sich in beiden Fällen um β-Anregung handeln soll. Die absoluten Lichtausbeuten sind nur teilweise bekannt und werden in der Regel nach MILTON und HOFSTÄDTER [28] ausgemessen und berechnet. Es gibt für die α-Spektroskopie wie Tabelle

---

* LiJ hat eine Dichte von 4,06 g/cm³ und einen Schmelzpunkt von 446° C und ist sehr hygroskopisch.

II.5.3 zeigt, einige Modifikationen von CsJ reinst, die in bezug auf Impulshöhenverteilung und absolute Lichtausbeute NaJ(Tl*) weit übertreffen.

An nachgereinigtem CsJ können bei tiefen Temperaturen erstaunliche Ausbeuten (in bezug auf α-Einfang und andere Teilchen) beobachtet werden. Leider wird durch die Tiefkühlung das Meßverfahren umständlich. CsJ (reinst) und auch NaJ (reinst) beanspruchen daher kein großes praktisches Interesse.

Tabelle II.5.3. *Relative Impulshöhen und absolute Lichtausbeuten für NaJ(Tl*), CsJ(Tl*) und CsJ (reinst) bei α-Anregung*

	NaJ (Tl*)	CsJ (Tl*)	CsJ rein	CsJ rein
Temperatur °C	18	18	18	−180
Impulshöhe	1 per def.	0,84	1,6	10,6
Absolute Lichtausbeute für α-Teilchen	8,4%**	8,4%	9,3%	58%

** Wert von MILTON u. HOFSTÄDTER [28].

II.5.4. Ankopplung des Photovervielfachers an den Linearverstärker

Das Integrationsnetzwerk

Ein einzelnes Primärelektron, das die Photokathode des Vervielfachers verläßt, verursacht eine Lawine von $(\eta_s)^n$-Elektronen. Fällt der Lichtimpuls einer Szintillation auf die Kathode, so wird eine ganze Gruppe von Elektronen abgelöst. Die gesammelte Ladung an der Anode kann als Gesamtheit von einzelnen Ladungsbeträgen interpretiert werden. Die endliche Abklingzeit τ_0 des Phosphors äußert sich darin, daß die Dichte der Einzelimpulse von einem anfänglichen Maximum mit der Zeitkonstante τ_0 abnimmt, und zwar meist nach einer Exponentialfunktion.

Die Energie eines Teilchens wird somit primär in der Dichte einer Stromimpulsfolge wiedergegeben. Das Problem besteht darin, durch die Einführung eines geeigneten Integrationsnetzwerkes dafür zu sorgen, daß die Ladung, die von einem Einzelimpuls herrührt, nicht sofort abfließt. Die Dichteschwankung der Impulsfolge wird damit in eine Amplitudenschwankung übergeführt.

Ist

$$Q = \int_0^\infty \frac{\Delta Q}{\Delta t} \cdot dt = (\eta_s)^n \cdot N \cdot e, \tag{1}$$

N: Zahl der Primärelektronen
e: Elektronenladung

die gesamte von einer Szintillation herrührende Ladung, so kann ein sog. Photostrom i_{ph}

$$i_{ph} = \frac{\Delta Q}{\Delta t} \qquad (2)$$

definiert werden, wenn das Zeitintervall Δt geeignet gewählt wird. Der Photostrom i_{ph} nimmt nach einer Exponentialfunktion

$$i_{ph} = \frac{Q}{\tau_0} \cdot e^{-\frac{t}{\tau_0}} \qquad (3)$$

ab, wobei τ_0 die Abklingzeit des Phosphors darstellt.

Das einfachste realisierbare Integrationsnetzwerk ist ein RC-Parallelglied. Im vorliegenden Fall des Szintillations-Zählers wird R gebildet aus dem Anodenwiderstand des Vervielfachers und dem Gitterwiderstand des Kathodenfolgers, und C aus den Streukapazitäten beider Röhren. Zur Abtrennung der Hochspannung muß ein weiterer Kondensator C_1 eingeschaltet werden, der aber für die prinzipielle Funktion des Speichernetzwerkes unwesentlich ist.

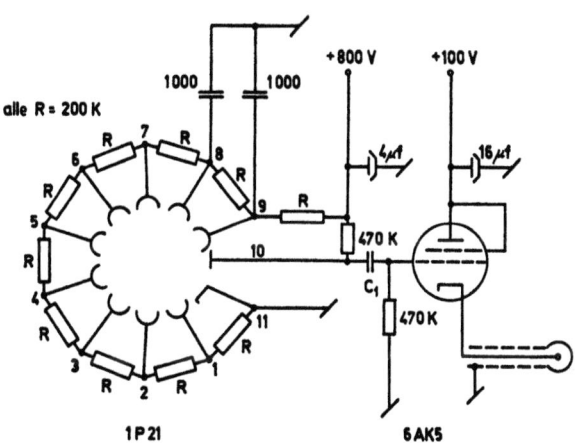

Abb. II.5.11. Ankopplung des Vervielfachers an den Verstärker

In den Abb. II.5.11. und II.5.12. sind vorerst das Prinzipschema einer Ankopplungsschaltung und das Ersatzschaltbild des Integrationsnetzwerkes wiedergegeben.

Wird mit der Laplace-Transformierten von Gl. 3 in die Durchlaßfunktion des Integriernetzwerkes eingegangen (siehe Abschnitt II.4.3., Mehrfachdifferentiation einer Einheitssprungfunktion), so ergibt sich nach erfolgter Rücktransformation für

$$U_1(t) = \frac{N \cdot q}{\tau_0(C_0 + C_e)} \left[A \cdot e^{-\frac{t}{\tau_0}} + B \cdot e^{-\frac{t}{\tau_1}} + C \cdot e^{-\frac{t}{\tau_2}} \right] \qquad (4)$$

Der dritte Term dieses Ausdruckes wird klein, sobald $C_1 \gg C_0$ und $C_1 \gg C_e$ ist. Die Ausgangsimpulse haben dann näherungsweise die Form

$$U_1(t) \simeq \frac{N \cdot q}{C_0 + C_e} \cdot \frac{\tau}{\tau_1 - \tau_0}\left[e^{-\frac{t}{\tau_1}} - e^{-\frac{t}{\tau_0}}\right] \tag{5}$$

worin $\quad \tau_1 = (C_0 + C_e)\left(\dfrac{R_0 \cdot R_g}{R_0 + R_g}\right)$

die effektive Zeitkonstante des Netzwerkes bezeichnet.

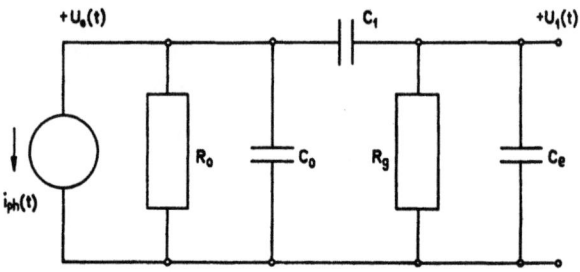

Abb. II.5.12. Ersatzschaltbild eines Integrationsnetzwerkes. $i$ph: Photostrom an der Anode des Vervielfachers. C_0: Ausgangs- und Schaltkapazitäten des Vervielfachers. R_0: Anodenwiderstand des Vervielfachers, R_g: Gitterwiderstand des Kathogenfolgers. C_e: Eingangskapazität des Kathodenfolgers. C_1: Koppelkondensator

Bei der Dimensionierung des Netzwerkes sind zwei Grenzfälle besonders wichtig. Der eine liegt vor, wenn die Zeitkonstante des RC-Gliedes sehr groß ist gegen die Abklingzeit τ_0 des Phosphors

$$U_1(t) \simeq \frac{N \cdot q}{C_0 + C_e}\left[e^{-\frac{t}{\tau_1}} - e^{-\frac{t}{\tau_0}}\right]. \tag{6}$$

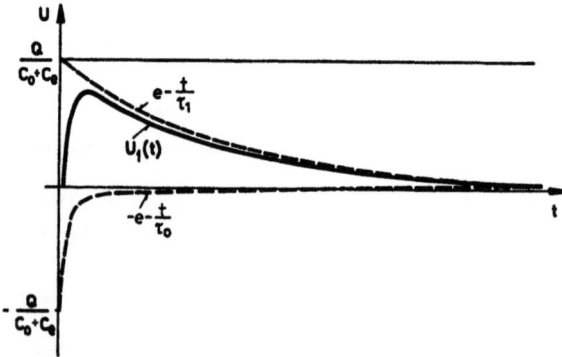

Abb. II.5.13. Impulsform $U_1(t)$ am Ausgang des Integriernetzwerkes.

Der Impulsanstieg (Abb. II.5.13.) wird praktisch allein durch die Abklingkonstante des Phosphors bestimmt; während der Abfall des Impulses nur vom Netzwerk abhängt. Die Impulsspitze erreicht unter dieser Voraussetzung nahezu den maximal möglichen Wert. Gl. (6) bildet daher die Grundlage für die Messung der Phosphor-Abklingzeiten τ_0.

Der andere Grenzfall $\tau_0 \gg \tau_1$ beansprucht nur ein bescheidenes praktisches Interesse.

Für den allgemeinen Fall kann die Spitzenspannung des Impulses durch den Ausdruck

$$U_1^{\max} = \frac{Q}{C_0 + C_e} \cdot \left[\frac{\tau_1}{\tau_0}\right]^{\frac{1}{1-\tau_1/\tau_0}} \tag{7}$$

wiedergegeben werden. Aus der Darstellung $U_1^{\max}$ in Abhängigkeit vom Verhältnis der Zeitkonstante des Integrationsgliedes zur Abklingkonstante des Phosphors (Abb. II.5.14) ist zu entnehmen, daß bei der günstigsten Annahme $\tau_1 = 10 \cdot \tau_0$ $U_1^{\max}$ bereits 92% des überhaupt möglichen Wertes $\frac{Q}{C_0 + C_e}$ annimmt.

Für die praktische Dimensionierung des Integriernetzwerkes genügt die Faustregel: $\tau_1 \sim 10 \cdot \tau_0$.

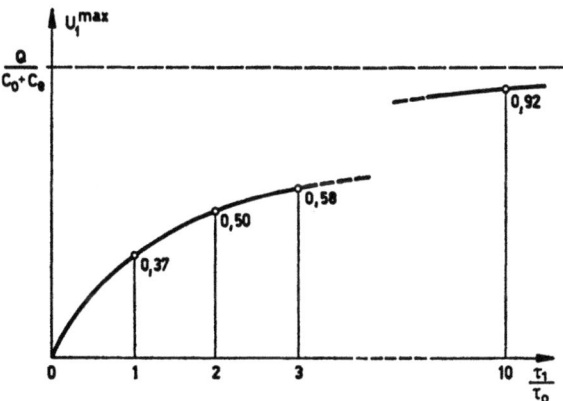

Abb. II.5.14. Spitzenwert des Ausgangsimpulses in Funktion von τ_1/τ_0

Sehr wichtig für die Messung von niederenergetischen Partikeln ist der Einfluß des Integriernetzwerkes auf das Signal/Rausch-Verhältnis. Ein Rauschimpuls besteht aus der Ladung $(\eta_s)^n \cdot e$, die jetzt aber nicht über τ_0, sondern über t_0 verteilte die Anode erreicht (t_0 bedeutet im wesentlichen die erwähnte Laufzeitstreuung der Sekundärelektronen im Vervielfachersystem). Der zeitliche Verlauf eines Rauschimpulses ist durch eine zu (5) analoge Gleichung gegeben:

$$U_{\text{rausch}}(t) = \frac{(\eta_s)^n \cdot e}{C_0 + C_e} \cdot \frac{\tau_1}{\tau_1 - \tau_0} \cdot \left[e^{-\frac{t}{\tau_1}} - e^{\frac{t}{\tau_0}}\right]. \tag{8}$$

Die Spitzenspannung beträgt

$$U^{max}_{rausch} = \frac{(\eta_s)^n \cdot e}{C_0 + C_e} \left[\frac{\tau_1}{t_0}\right]^{\frac{1}{1-\tau_0/t_0}}. \tag{9}$$

Zusammen mit Gl. (7) wird folgendes Signal/Rausch-Verhältnis erhalten:

$$\sigma = \frac{U^{max}_1}{U^{max}_{rausch}} = N \cdot \frac{\left[\dfrac{\tau_1}{\tau_0}\right]^{\frac{1}{1-\tau_1/\tau_0}}}{\left[\dfrac{\tau_1}{t_0}\right]^{\frac{1}{1-\tau_1/t_0}}}. \tag{10}$$

Da t_0 in der Größenordnung von 10^{-10} s liegt, während τ_0 für die besten Phosphore größer als 10^{-9} s ist, wird der Nenner von Gl. 10 ~ 1 und da weiterhin der Zähler im optimalen Fall von $\tau_1 \gg \tau_0$ ebenfalls um 1 werden kann, ergeben sich folgende wichtige Schlüsse:

a) Das beste Signal/Rausch-Verhältnis σ wird dann erreicht, wenn τ_1 lang ist gegenüber τ_0 (dann auch optimales Verhältnis für den Verlauf der Impuls-Spitzenspannung).

b) Für den unter a) definierten Fall ist σ gerade gleich der Anzahl N der Primärelektronen, die pro Szintillation losgelöst werden. Die angeführte Überlegung bildet auch die Grundlage für eine bequeme und sichere Messung von N.

II.6. Cerenkov-Zähler

Die ersten quantitativen Informationen über das Licht, das beim Durchgang geladener Teilchen durch ein Streumedium entsteht, wenn die Teilchengeschwindigkeit größer als die Lichtgeschwindigkeit in der Substanz ist, stammen von CERENKOV [29]. Er beobachtete das sichtbare Licht, das im Wasser durch eine intensive γ-Quelle produziert wurde. Die maximale Intensität breitete sich in einem Kegel mit einem Öffnungswinkel von 40° in γ-Richtung aus. Ersetzte er das Wasser durch Benzin, so blieb der Licht-Effekt bestehen, nur weitete sich der Öffnungswinkel des Kegels um einige Grade aus.

1937 konnten FRANK und TAMM [30] zeigen, daß es sich um eine elektromagnetische Schockwelle handelt, wenn ein geladenes Teilchen ein dielektrisches Medium traversiert mit einer Geschwindigkeit, die größer ist als die Lichtgeschwindigkeit in der Substanz.

Die Theorie, die sehr gut mit dem Experiment übereinstimmt, liefert für die Intensität und die Winkelverteilung folgende Ausdrücke:

$$I \, d\nu = \left(\frac{2\pi e Z}{c}\right)^2 \left(1 - \frac{1}{\beta^2 n^2}\right) \nu \, d\nu \tag{1}$$

und

$$\cos \vartheta = \frac{1}{n \cdot \beta} \tag{2}$$

wobei

I: die Energie in erg, ausgestrahlt in den Frequenzintervall ν und $\nu + d\nu$ pro cm Weglänge des Teilchens,

eZ: die Ladung des Teilchens (el. stat. Einh.),

c: die Lichtgeschwindigkeit (cm/s),

v: die Teilchengeschwindigkeit und

n: den Brechungsindex der Substanz für die Strahlung der Frequenz ν bedeuten.

Wenn die Cerenkov-Strahlung eine „Schockwelle" ist, so enthält sie die Komponenten für alle Frequenzen, für die der Brechungsindex groß genug ist, um ein reales ϑ in Gl. (2) zu geben.

Im gewöhnlichen optischen Material umfaßt die Strahlung das sichtbare Spektrum mit einem Schuß ins Violette (das bläuliche Licht im Wasser eines sog. „Swimming-pool-Reaktors" dürfte im Gedächtnis eines jeden Besuchers haften bleiben).

Entsprechend der hier anzuwendenden „Huygensschen Konstruktion" [31] ist die Schockwelle konisch mit einer Ausbreitungsrichtung, die in der Regel senkrecht zu der Welle in der Vorwärtsrichtung steht. Die Kegelspitze fällt mit dem Teilchen zusammen, das die Störung produziert.

Bei steigender Partikelgeschwindigkeit wird ϑ größer, im Grenzfall

$$\cos \vartheta = \frac{1}{n}. \qquad \text{Beispiel: Wasser } n = 1{,}33$$
$$\vartheta \cong 41°.$$

Die Cerenkov-Strahlung ist polarisiert. Der elektrische Vektor liegt in der Schockwellenfront und zeigt entweder gegen oder weg vom Teilchen, das für die Strahlung verantwortlich ist.

Die ersten Anwendungen des Cerenkov-Effektes als Teilchenzähler gehen auf das Jahr 1947 zurück [32, 33]. Eine besonders umfassende anwendungstechnische Studie des Cerenkov-Zählers hat MARSHALL [34] unternommen, in der praktisch alle Anwendungsmöglichkeiten durchdiskutiert werden.

Es muß hier nochmals darauf hingewiesen werden, daß die „experimentellen Methoden der Kernphysik", so wie sie im Umfang dieses Buches geplant sind, nur die Aspekte der sog. „niederenergetischen" Kernphysik umfassen sollen. Die Ausblicke des Cerenkov-Zählers als Instrument der Hochenergie-Physik sind aber derart interessant, im Zusammenhang mit dem Photomultiplier, daß diese Inkonsequenz gerechtfertigt erscheint.

Bevor einige Zählanordnungen beschrieben werden sollen, müssen die Strahlungseigenschaften in bezug auf den Photovervielfacher näher untersucht werden.

Für die meisten Photovervielfacherröhren liegt die Abschneidegrenze für kurzwelliges Licht bei ungefähr 3500 Å (S-11-Charakteristik); diese Grenze kann durch Quarzfenster auf etwa 2000 Å verschoben werden (RCA 6903, EMI 6255 B oder Du Mont K 1306).

Die Strahlungsintensität pro cm Partikelweglänge numerisch in Auswertung von Gl. (1)

$$I\,d\nu = 1{,}53 \cdot 10^{-12} \cdot Z^2 \left(1 - \frac{1}{\beta^2 n^2}\right) \; d\nu\text{-Photonen}. \qquad (3)$$

Als Beispiel einer Impulshöhenberechnung im Photomultiplier seien folgende Annahmen gemacht:
Spektrale Empfindlichkeit des Vervielfachers: 3500—5500 Å

$$\Delta \nu = 3{,}1 \cdot 10^{14}\,\text{s}^{-1} \; (\text{S-11})$$

Medium: Wasser ($n = 1{,}33$) und $\beta = 1$
$I \sim 205$ Photonen/cm.

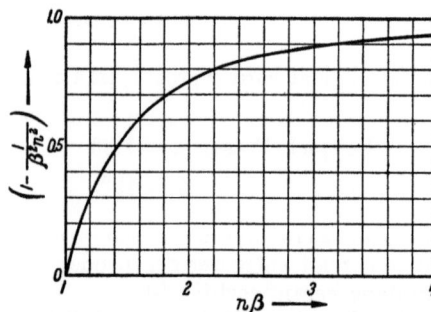

Abb. II.6.1. Intensität der Cerenkov-Strahlung in Abhängigkeit von $n \cdot \beta$. [Anzahl der Lichtquanten pro cm Weglänge des Teilchens kann aus dieser Darstellung berechnet werden, wenn der Ordinatenwert mit $1{,}53 \cdot 10^{-12} \cdot Z^2 \cdot \Delta \nu$ multipliziert wird]

Bei 100% Lichtsammlung und 6% Ausbeute der Photokathode würden 12 Photoelektronen ausgelöst pro cm Weglänge. Über die Größe des Effektes kann sich der Leser anhand der Ausführungen in Abschnitt II.5.2 ein eigenes Bild machen.

In vielen Fällen kann die Ausbeute um 20—30% gesteigert werden, wenn dem Wasser ein fluoreszierendes Material* beigegeben wird, das einen Teil des UV-Lichtes in den sichtbaren Bereich transformiert.

Da das Licht in der Vorwärtsrichtung emittiert wird, ist es notwendig, den Zähler derart zu konstruieren, daß durch Reflexionen kein Licht verloren geht.

Die richtungsabhängigen Eigenschaften des Cerenkov-Zählers werden auch experimentell ausgenutzt.

Ebenso wird er wegen der Z^2-Abhängigkeit der Lichtintensität (siehe Gl. 1) zur Diskriminierung von geladenen Teilchen eingesetzt.

---

* Beispiel: ähnliche Zusätze wie bei den Flüssig-Szintillatoren.

Neben Wasser und sonstigen organischen Flüssigkeiten*, die auch als sog. „flüssige Szintillatoren" eine Rolle spielen, werden oft feste lichtdurchlässige Substanzen wie Plexiglas, TlCl, Bleiglas u. a. mehr eingesetzt.

Die Konstruktion eines Cerenkov-Zählers ist im Prinzip, wie aus Abb. II.6.2 hervorgeht, sehr einfach.

Eine der interessantesten Anwendungen ist der sog. fokussierende Zähler [*34*], bei dem das Photomultiplier-System empfindlich ist über einen beschränkten Winkelbereich, so daß der Zähler nur in einem beschränkten Geschwindigkeitsbereich der primären Teilchen anspricht. Der Zähler eignet sich daher, das Energiespektrum eines Teilchenstrahles über einen bestimmten Bereich von β aufzunehmen, vorausgesetzt, daß es gelingt, einen eng fokussierten Strahl herzustellen.

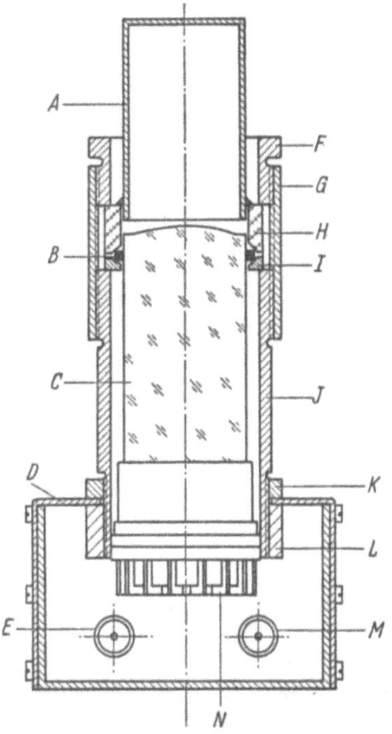

Das von MARSHALL [*34*] entwickelte System (siehe Abb. II.6.3) benutzt die optischen Eigenschaften einer Kugellinse, die das Licht in einer sphärischen Oberfläche, die drei Radiuslängen entfernt aufgespannt wäre, fokussieren würde, wenn nicht durch ein Spiegelsystem die Lichtstrahlen vorher auf die Photokathoden zweier Multiplier abgelenkt würden.

Die beiden erwähnten Photovervielfacher sind in Koinzidenz geschaltet.

Abb. II.6.2. Cerenkov-Zähler mit Flüssigkeitsbehälter *A*. *C*: Multiplier-Röhre (RCA 5819), *D*: Al-Gehäuse, innen verspiegelt. Die anderen Buchstaben betreffen Konstruktionseinzelheiten wie Dichtungen mit 0-Ringen und elektr. Anschlüsse für den Multiplier

Durch die Verschiebung des Strahlers (siehe Skala in Abb. II.6.3) kann der beobachtbare Cerenkov-Winkel β geändert werden und damit eine bestimmte Energiegruppe ausgeblendet werden.

Das Beispiel der Energieverschiebung eines 145 MeV π-Meron-Strahles nach dem Durchlaufen von 7,6 cm Graphit zeigt die Brauchbarkeit der Apparatur. Daß der Untergrundeffekt von anderen relati-

---

* Sehr häufig wird CCl_4 verwendet.

vistischen Teilchen dank der Achsenfokussierung und der Koinzidenzanordnung zusätzlich noch klein gehalten werden kann (siehe Abb. II.6.4) stellt einen weiteren Vorteil dar.

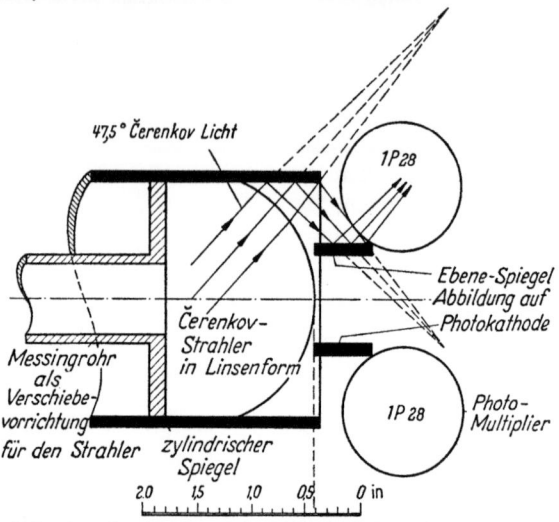

Abb. II.6.3. „Fokussierender Cerenkov-Zähler". Der Teilchenstrahl muß für das richtige Funktionieren des Zählers genau in der Achsenrichtung fokussiert werden. (Optische Fokussierung)

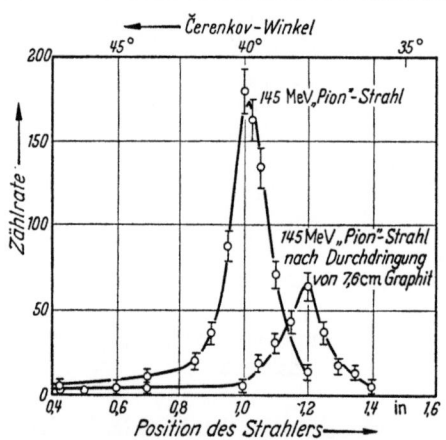

Abb. II.6.4. Energie-Auflösung eines fokussierenden Zählers nach Abb. II.6.3

II.7. Halbleiter-Detektoren

II.7.1. Prinzip und Anwendungsgebiete

Die Entwicklung der Halbleiterdetektoren geht auf das Jahr 1949 zurück, als McKay [35] und später Walter et al. [36] eine Anzahl Germanium-Oberflächen-Grenzschicht-Zähler mit großem Erfolg herstellen. Diese Technik ist noch sehr jung und es sind auf Silizium-Basis in der Anordnung und Anwendungstechnik noch viele Fortschritte möglich.

Das Prinzip des Halbleiterdetektors beruht auf der Strahlungsempfindlichkeit des pn-Übergangsgebietes. Fällt auf einen in Sperrichtung vorgespannten pn-Übergang eine Strahlung, so werden bei ausreichender Energie der Partikel (oder Quanten) in der Sperrschicht (einige Mikron tief) Trägerpaare (Elektronen und Löcher) gebildet. Für die Produktion eines Trägerpaares wird im Silizium 3,6 eV, im Germanium 3,0 eV benötigt. Ein 10 MeV α-Teilchen würde daher in Silizium $2,8 \cdot 10^6$ Ladungsträgerpaare erzeugen, die sofort längs der Teilchenspur verteilt werden und unter dem Einfluß des angelegten Feldes gesammelt werden. Die Anzahl der Ladungsträger ist nahezu proportional zu dem Energieverlust und unabhängig von der Art des Teilchens.

Der Halbleiter-Grenzschicht-Detektor zeigt daher eine ausgezeichnete Energielinearität, vorausgesetzt, daß alle Ladungsträger gesammelt werden. Da die Leitfähigkeiten in der Oberflächenschicht des Detektors und auch die im inneren Kristall (P- resp. N-Typ) bei weitem größer sind als in der sog. Grenzschicht (Verarmungsbereich eines pn-Überganges), dienen die Begrenzungen dieser Schicht als Elektroden. Das empfindliche Volumen wird daher von der praktischen Tiefe dieser Diffusionsschicht begrenzt. Diese Beschränkung liefert auch die Grenzen der Linearität in bezug auf die Energiemessung für verschiedene Teilchen. (Siehe Tabelle II.7.1 und Energie-Reichweite-Kurven.)

Die Vorteile der Halbleiterdetektoren für die Spektroskopie von Nukleonen und schwereren Teilchen, sowie niederenergetischen β-Strahlen liegen in folgenden Punkten begründet:

a) Schnelle Impulsanstiegszeit in etwa $5 \cdot 10^{-9}$ s.

b) Die kleine Sammelzeit der Ladungsträger wirkt sich auch auf die kaum in Erscheinung tretende „Totzeit" des Detektors aus.

Tabelle II.7.1. *Ungefähre Grenzen der Energie-Proportionalität bei einer aktiven Zonentiefe von 0,8 mm*

Teilchenart	Grenzenergie MeV
Protonen	11
Deuteronen	14
Tritonen	16
α-Teilchen	45
He^3 Ionen	40

c) Die Linearität mit der Teilchenenergie bleibt ohne Rücksicht auf die Teilchenart; eine Tatsache, die beispielsweise beim Szintillationszähler keinesfalls erfüllt ist.

d) Im Betriebsbereich der Detektoren darf die Ansprechwahrscheinlichkeit als 100% angenommen werden.

e) Entscheidend wirkt die hohe Energieauflösung von 0,4% oder besser für α-Teilchen und andere Partikel.

Als Voraussetzung für das hohe Energieauflösungsvermögen muß ein homogener Kristall, eine genügende Trägerlebensdauer und eine Abschneidezeitkonstante des Verstärkers größer als die Sammelzeit der Ladungsträger vorhanden sein. Trivial klingt die Forderung nach einer Reichweite der primären Teilchen, die kleiner sein soll in der empfindlichen Grenzschicht als deren Tiefenausdehnung.

In der Tabelle II.7.2 ist das Energieauflösungsvermögen* für die 5,3 MeV-Po-α-Teilchen beim Einsatz verschiedener Detektoren angegeben (in %).

Tabelle II.7.2. *Vergleich der optimalen Energieauflösung verschiedener Detektoren für 5 MeV-α-Teilchen*

System	Halbwertsbreite in keV / totale Energie
Kernphotoplatte	4—5
Szintillationszähler	2—3
Ionisationskammer	1
Proportionalzähler	2
Halbleiter-Grenzschicht-Zähler	0,3—0,7
Magnetische Spektrometer	0,01—0,5

f) Ebenso überzeugend sind die Stabilitätseigenschaften in bezug auf Zählrate und Zählzeit.

g) Die Möglichkeit des Arbeitens in einem mäßigen Untergrund von γ-, β- oder n-Strahlung besteht.

Kurz zusammengefaßt wirken sich die schnellen Anstiegszeiten und die gute Energieauflösung besonders günstig bei Streuexperimenten und Wirkungsquerschnittsmessungen aus.

Die Nachteile dieser Art von Detektoren liegen entschieden in den kleinen Signalhöhen von einigen mV und in der Empfindlichkeit auf höhere Temperaturen. Das sensible Volumen ist trotz großer Oberflächen von einigen mm² bis zu 200 mm² und mehr sehr klein. Besonders störend sind aber die praktisch kaum zu beherrschenden Alterungseffekte, die auf Strahlungsschäden im Kristallgitter zurückzuführen sind. Die ersten Anzeichen dafür lassen sich, wie später ausgeführt wird, einfach erkennen. Eine Belastung von $10^8 - 10^{11}\alpha$-

---

* Es ist üblich, die Anzahl der freigemachten Ladungsträger N, die mit einer Poissonverteilung beschrieben werden können, mit einer Standard-Abweichung $\sigma = \sqrt{N}$, wobei N den Mittelwert darstellt, zu behaften. Beträgt die Anregungsenergie für eine Paarbildung (Elektron + Loch) in Silizium 3,5 eV, dann entstehen zum Beispiel bei einem 5,3 MeV α-Teilchen rund 1200 Paare im Gegensatz zu einem Gaszähler, bei dem nur ~ 200 Paare entstehen würden. σ würde daher theoretisch beim Si-Zähler 7,5 KeV betragen; entsprechend einer Halbwertsbreite $T = 2,36 \cdot \sigma = 10$ KeV.

Teilchen pro cm² Fläche und etwa $5 \cdot 10^{11}$ Neutronen/cm² ist durchaus zulässig.

Das von der Sache her beschränkte empfindliche Volumen und die Unmöglichkeit, die Einflüsse der Strahlungsschäden im Kristall ganz auszuschalten, stecken eindeutig die Grenzen des an und für sich überzeugenden Detektors ab. Dazu kommt dann noch die Problematik der Herstellung von Halbleiterzählern höchster Qualität. Nicht immer ist es einfach, das hochbeständige Silizium von guter Qualität bei einheitlicher Trägerlebensdauer auszulesen.

Die speziellen für die Diskussion wichtigen Eigenschaften der Halbleiter Silizium und Germanium sind in der Tabelle II.7.3 zusammengefaßt.

Tabelle II.7.3. *Spezielle Eigenschaften der für die Detektoren verwendeten Halbleiter Si und Ge*

Halbleitertyp	DK ε	ϱ g/cm³	Beweglichkeiten cm²/V·s		Eigenleitung $\Omega \cdot$ cm	Lebensdauer der Minoritätsträger τ in s	
			μ_n-Elektronen	μ_p-Löcher		P-Typ-Elektronen τ_n	N-Typ-Löcher τ_p
Silizium	11,7	2,33	1300	500	$3 \cdot 10^5$	10^{-3}	10^{-3}
Germanium 300° K	15,7	5,32	3800	1800	47	10^{-3}	10^{-3}
Germanium 77° K	15,7	5,32	10000	15000	$5 \cdot 10^4$	—	10^{-3}

Die Lebensdauer der Minoritätsträger von einer ms stellt eines der charakteristischen Merkmale dar.

Die an und für sich sehr aktuellen Fragen und Probleme der Physik der Halbleiterdetektoren können im Rahmen dieser Zusammenfassung nicht behandelt werden und es muß auf die Spezialliteratur wie etwa TAYLOR [*37*] verwiesen werden.

Einer der verbreitetsten Grenzschicht-Detektoren ist der sog. „diffused junction"-Typ*, bei dem ganz in der Nähe der Oberfläche durch Eindiffundierung von Störatomen eine Inversionsschicht geschaffen wird.

Ein *P-N*-Detektor geht praktisch von einem *P*-Einkristall hoher spezifischer Leitfähigkeit und Qualität aus. Die Diffusionsschicht wird auf einer Seite in einer Tiefe von 1 Mikron aufgebracht. An der Trennschicht ist das *N*-Material nur leicht angereichert. Die Konzentration der Donatoren steigt sehr rasch gegen die Oberfläche hin an, so daß die Oberflächenleitfähigkeit auf dieser Seite relativ groß wird. Damit erübrigt sich eine metallische Kontaktelektrode. Vielmehr wird die Verbindung an der Randzone hergestellt; womit die wirksame Detektorfläche definiert wird.

---

* Wird P-Silizium als Ausgangssubstanz gewählt, spricht man in der angelsächsischen Literatur von „P-N silicon diffused junction detectors".

Der Detektor arbeitet mit entgegengesetzter Vorspannung (Beanspruchung der Grenzschicht in Sperrichtung), das N-Material wird positiv. Der Kontakt beim P-Material wird durch eine metal-

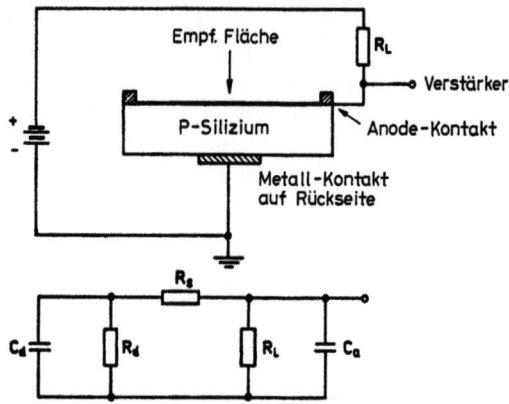

Abb. II.7.1. Prinzipielle Anordnung eines P-N-junction-Detectors mit Ersatzschema. C_d, R_d: Grenzschichtimpedanz; C_a, R_L: Vorverstärker-Eingangs-Impedanz; R_S: Kristallwiderstand (außer Grenzschicht) und Kontaktwiderstand der Elektroden

lische Scheibe bewerkstelligt. Praktisch die gesamte angelegte Vorspannung erscheint an der „Verarmungszone" der Grenzschicht. Werte von 10 bis 100 Volt sind durchaus üblich.

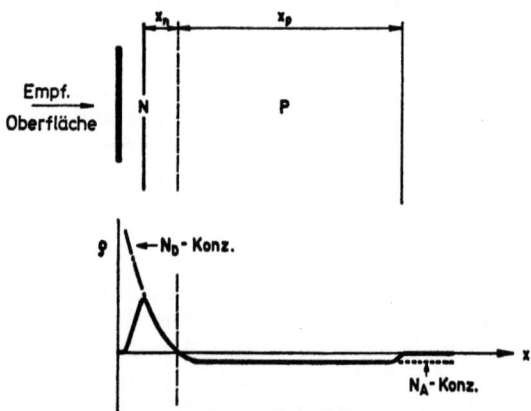

Abb. II.7.2. Raumladungsdichte ϱ in der N und P-Schicht bei einem Grenzschichtdetektor vom sog. „junction"-Typ

Für das bessere Verständnis sei in Abb. II.7.2 noch die Raumladungskonzentration in Beziehung mit der Anzahl der Donatoren im N- und Akzeptoren im P-Gebiet aufgezeichnet. Die Anzahl N_D der Donatoren im N-Gebiet steigt sehr schnell zu einem Wert an, der vielfach größer ist als N_A und zudem ist die Tiefe x_p des P-Materials ungefähr 1000mal größer als der entsprechende Wert x_n (siehe Abbildung). Daraus ergibt sich, daß der Potentialsprung ganz im P-Material liegt.

Die Technik, eine relativ scharfe Sperrschicht nahe der Oberfläche herzustellen, ist bei P-Silizium gut ausgearbeitet. Ein weiterer Vorteil des Siliziums als Trägersubstanz liegt in der mäßigen Eigenleitung bei Zimmertemperatur, so daß eine Kühlung wie beim Germanium wegen des Eigenrauschens nicht notwendig ist.

Die P-Type-Detektoren sind empfindlich gegen Feuchte; müssen daher durch Überzüge, Schutzgas oder Vakuum geschützt werden.

II.7.2. Charakteristik der „Grenzschicht"-Halbleiter-Zähler

Das entscheidende Verhalten der Halbleiterzähler und ihre Charakteristik liegt in der Grenzschicht zwischen dem P- und N-Material begründet, die wegen der angelegten äußeren Spannung an Ladungsträgern verarmt ist.

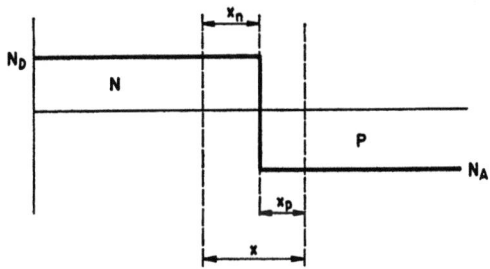

Abb. II.7.3. Theoretische Annahmen zur modellmäßigen Berechnung der Barrierentiefe $X = x_n + x_p$

Unter der Voraussetzung, daß an der Potentialbarriere keine Träger vorhanden sind und der Potential-Abfall steil erfolgt, und unter der weiteren Annahme, daß außerhalb des Potentialsprungs die Anzahl der Träger $n = N_D$ und $p = N_A$, also entsprechend der Minoritätsträger sei, berechnet* sich die sog. Barrierentiefe, die nach Abb. II.7.3 definiert ist, zu:

$$X = \left[\frac{\varepsilon V}{2\pi q} \cdot \frac{N_A + N_D}{N_A \cdot N_D}\right]^{1/2} \quad (1)$$

und im Falle einer an der Oberfläche gelegenen Potentialbarriere mit $N_D \gg N_A$ (siehe Abb. II.7.2)

$$X = \left(\frac{\varepsilon V}{2\pi q N_A}\right)^{1/2} \quad (2)$$

ε: DK; V: angelegte Vorspannung.

---

* Einfache Modellberechnungen bei [37].

Für den Fall Gl. 2 befindet sich der gesamte Sprung im P-Gebiet. Die Verarmungszone stellt aber die aktive Schicht dar. Ihre Tiefe kann mit der angelegten Vorspannung V variiert werden. Die Spannungsbegrenzung nach oben gibt die Durchschlagsspannung in Sperrichtung und das Rauschen.

Eine weitere ausschlaggebende Eigenschaft stellt die durch die Grenzschicht repräsentierte elektrische Kapazität dar:

$$C_d = \frac{\varepsilon}{4\pi X} \quad \text{in el. stat. E.} \tag{3}$$

und unter Berücksichtigung von Gl. (2):

$$C_d = \frac{1}{2}\left(\frac{\varepsilon q N}{2\pi V}\right)^{1/2} \quad \text{in el. stat. E.} \tag{4}$$

C_d kann sehr einfach gemessen werden, wenn der Detektor mit monochromatischen Teilchen belastet wird.

Die Impulshöhe wird beobachtet mit und ohne äußere Parallelkapazität.

Für die praktische Berechnung der Tiefe der sog. Träger-Verarmungszone (= empfindliches Volumen) hat sich Gl. (2) wegen N_A als umständlich erwiesen und durch einige Umformungen erhält man in praktischen Einheiten

$$X = 4{,}2 \cdot 10^{-7}(\varepsilon V \varrho \mu)^{1/2} \text{ cm}, \tag{5}$$

wenn V in Volt, ϱ in Ω cm und μ in cm$^2/V \cdot s$ eingesetzt wird.

Die Impulshöhe P bei totaler Sammlung der durch die primäre Strahlung freigemachten Träger wird:

$$P = \frac{Q}{C_d + C_a}, \tag{6}$$

wobei C_d die Grenzschicht-Kapazität und C_a die Eingangskapazität des Verstärkers mit den Streukapazitäten darstellt.

Strenge Proportionalität (P prop. Q) wird nur dann erreicht, wenn $C_a \gg C_d$ ist oder C_d konstant.

Die Forderung nach maximaler Impulshöhe (kleine Kapazität) widerspricht der nach größter Linearität. Im Kompromiß wird oft C_a dominant gewählt. (Beispiel: Zähler mit 10 mm^2 aktive Fläche: C_d variiert zwischen 1 und 100 pF. Mit einer totalen Kapazität $C_d + C_a = 200$ pF wird pro MeV eine Impulshöhe von $0{,}2 \cdot 10^{-3}$ V erreicht.)

Die Sammelzeit t_c kann ungefähr aus der bekannten Feldstärke in der Grenzschicht und aus der Beweglichkeit der langsameren Ladungsträger berechnet werden.

Sie beträgt in s, wenn ϱ in Ω cm gemessen wird:

$$t_c = \frac{\varepsilon\,\varrho}{8\,\pi} \cdot 10^{-11}\ s$$

(Beispiel: Silizium-P-Typ: $10^3\ \Omega$ cm, $t_c \sim 5 \cdot 10^{-9}$ s).

Der Rück- oder Dunkel-Strom, der auch in Abwesenheit von Strahlung fließt, ist bei diesem Zählertyp sehr klein (im Maximum einige µA); doch für das Rauschen entscheidend.

Er setzt sich im Prinzip aus 3 Anteilen zusammen, wobei der letzte vernachlässigt werden kann:

a) Driftstrom hervorgerufen durch die Diffusion der Minoritätsträger in die Grenzschichtzone,

b) Stromanteil hervorgerufen durch die thermische Teilchenbildung in der „Verarmungszone" (das eigentliche Rauschen),

c) Leckstrom an der Oberfläche, der durch konstruktive Maßnahmen (Oberflächenschutz) beseitigt werden kann.

Im allgemeinen spielt der Anteil (b) die entscheidende Rolle.

Durch einfache theoretische Modellbetrachtungen [37]* lassen sich die Anteile (a) und (b) berechnen.

Neben dem ausführlich behandelten und gebräuchlichen Grenzschicht-Detektor auf der Basis der diffundierten Verbindungstype gibt es andere Ausführungen, die eine Oxydschicht auf der Oberfläche eines N-Si-Kristalles aufweisen und damit einen N-P-Detektor darstellen. Alle Überlegungen gehen hier gleich wie beim P-N-Typ.

Weitere Versuche befassen sich mit den sog. P. I. N.-Detektoren bei denen ein Kristallkörper** „sandwichförmig" zwischen P und N-Schichten eingebracht wird, wobei Lithium als Donatoreneinsatz verwendet wird. (Lithiumionen diffundieren bei angelegtem Feld sehr gut.)

Prinzipielle neue Meßcharakteristiken der Detektoren treten nicht auf; nur in den einzelnen Anwendungsfällen wird man optimale Anordnungen finden können.

Allen Detektoren gemeinsam sind die Anforderungen an den Verstärker, da das ganze Meßsystem auf einer einwandfreien Sammlung der einzelnen Ladungen beruht.

Ein Grenzschicht-Zähler weist eine veränderliche Kapazität auf. Ein spannungsempfindliches Verstärkungssystem gibt aber zu Impulshöhen Anlaß, die irgendwie mit der angelegten Vorspannung im Zusammenhang stehen.

Um diesen Effekt zu eliminieren, müssen Vorverstärker angewendet werden, die ladungsempfindlich sind und ein der gesammel-

---

* Bei TAYLOR [37] findet man auch Rezepte für die Selbstherstellung solcher Detektoren.
** Intrinsic crystal.

110 Detektoren zum Nachweis und für die Spektroskopie der Kernstrahlung

ten Ladung proportionales Signal abgeben. Der Vorverstärker arbeitet mit einer Ladungsgegenkopplung auf die Eingangskapazität.

In Abb. II.7.4 wird das Prinzipschema einer Ladungsgegenkopplung und deren praktische Verwirklichung in einem Beispiel wiedergegeben.

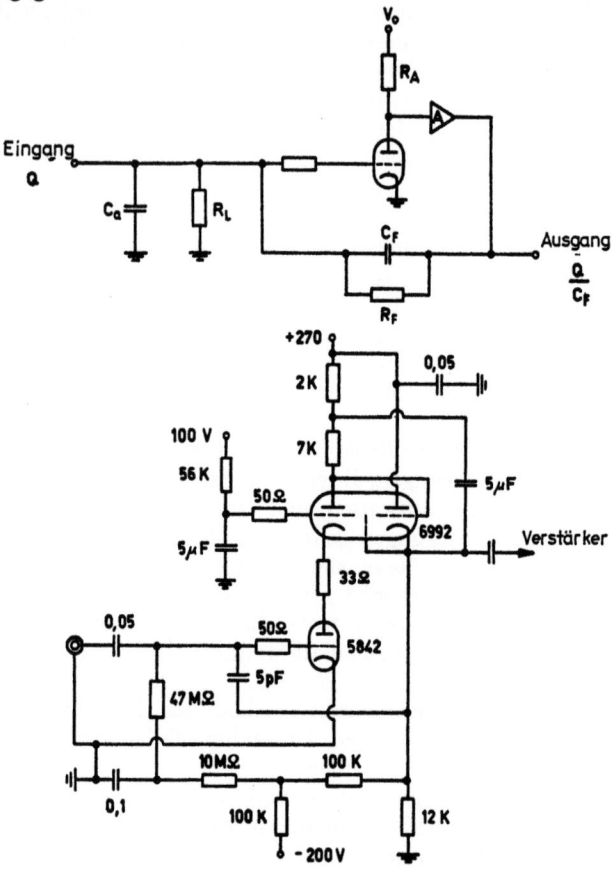

Abb. II.7.4. Ladungsgegenkopplung im Prinzipschema und Ausführung

II.7.3. Beispiele von Spektren, aufgenommen mit Halbleiter-Detektoren und das Betriebsverhalten der Zähler

Entsprechend der großen empfindlichen Oberfläche, aber der kleinen Tiefe der Diffusionsschicht bei Z-Werten von 14 und Dichten von 2,3 (Si-Werte) ergibt sich logischerweise das günstigste Anwendungsgebiet, das in der Spektroskopie von geladenen Nukleonen mit Z von 1—4 und Energien zwischen 2 und 20 MeV liegen dürfte.

Nur kleine Elektronenenergien und weiche γ-Strahlen (Photoeffekt mit hohem Z) können weiterhin mit Erfolg ausgemessen werden. Die Sandwich-Methode mit angereichertem Li^6 oder B^{10} eröffnet unter Umständen neue Möglichkeiten der Neutronenspektroskopie.

Ein typisches Beispiel mit einem kommerziell erhältlichen Si-Diffusionsdetektor zeigt das α-Spektrum von Am^{241} mit einem prozentualen Auflösungsvermögen von 0,38% bei 5,476 MeV.

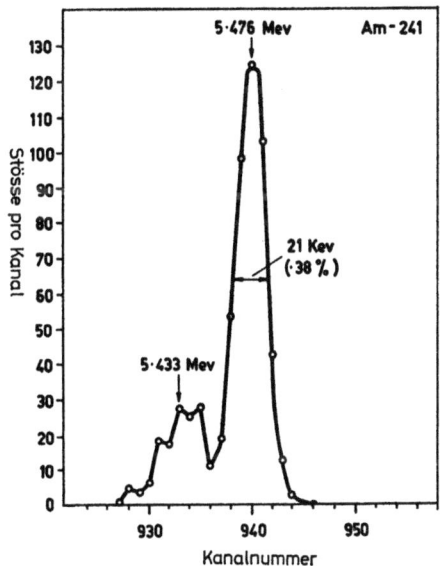

Abb. II.7.5. α-Spektrum von Am^{241} [5,476 MeV]. Öffnung Detektor 5 mm², Vorspannung 90 V, Verstärker-Anstiegszeit 10^{-6}. Detektor: Typ RCA* A-4-90-0,2 [10^4 Ω cm P-Silizium, 90 V Vorspannung, 0,2 μ Diffusionstiefe]

Eine neue Möglichkeit bieten die Halbleiter-Detektoren in der Herstellung eines dE/dt, E-Zählers. Sind in einem Spektrum, hervorgerufen durch mehrere Kernreaktionen, geladene Teilchen mit verschiedener Ladungszahl und Masse, so hilft für die Unterscheidung nur die in Koinzidenz geschaltete dE/dt, E-Anordnung.

Das geladene Teilchen durchdringt den ersten Zähler resp. seine sehr dünn gehaltene aktive Grenzschicht. Es wird der Energieverlust pro Weglängeneinheit $dE/dx \sim \dfrac{mZ^2}{E}$ gemessen, wobei m und Z Masse und Ladungszahl des primären Teilchens darstellen.

---

* Mit der freundlichen Erlaubnis der RCA, Electronic Components and Devices, Harrison (New Jersey).

Im zweiten Zähler wird das Teilchen im aktiven Volumen total abgebremst. Die entstehenden und auch gesammelten Ladungsträgerpaare entsprechen der Energie.

Werden beide Signalamplituden in einer geeigneten Schaltung multipliziert, dann stellt das Produkt $\frac{mZ^2}{E} \cdot E$ den mZ^2-Wert dar.

Die Kombination von geeigneten Halbleiterdetektoren stellt hier einen sehr großen Fortschritt dar; da bisher für die dE/dx-Messung und teilweise auch E-Messung für Nukleonen mit Ladungszahlen $Z > 1$ kaum ausreichende Meßmittel zur Verfügung standen (Ionisationskammer, Szintillationszähler, Proportionalrohr).

Schlußendlich möchte aber der Praktiker einige Anleitungen haben, wie man die einsetzenden Strahlungsschäden im Frühstadium rechtzeitig erkennen kann. (Nach dem Durchgang von $10^8 - 11^{11}$ Teilchen/cm² Fläche.) Strahlungsschäden sind Gitterdefekte, die sich in reduzierter Trägerlebensdauer äußern. Damit wird die 100% Sammlung nicht mehr gewährleistet und das Auflösungsvermögen geht zurück. Auch die Eigenleitung reagiert auf diese Effekte.

Bei mäßigem Fluß bleibt der Grenzschichtzähler über lange Zeit sehr stabil, da die kritische Spanne zwischen „Neu-Lebensdauer" der Ladungsträger und der für eine gute Sammlung kritischen Lebensdauer sehr groß ist. Erste Anzeichen liefert auch das Ansteigen des Rückstromes, der mit steigendem Detektorrauschen verbunden ist.

Mehrfache Spitzen in einem monochromatischen Spektrum allerdings bedeuten das Zählerende, da sich offenbar Schichten mit sehr kurzer Trägerlebensdauer aufgebaut haben.

Eine weitere Entwicklung in Form von Mehrfachzählern, Fission-Zählern und andere Anordnungen mehr sind im Gange und durchaus zu erwarten.

Ganz allgemein ausgedrückt beansprucht der Halbleiterdetektor ein großes Interesse und hat im Gegensatz zu den bisher behandelten Systemen noch ein weites Feld der Entwicklung vor sich.

II.8. Die Kernphotoplatte als Nachweismittel

II.8.1. Übersicht über die Kernphotoplattentechnik

Eine moderne Kernphotoplatte besteht aus einer photographischen Emulsion mit sehr hoher Silberkonzentration, die in der Regel auf eine Glasunterlage gegossen wird. Die Dicke der photographischen Schicht variiert zwischen 25 und 600 Mikrons.

Ionisierende Partikel produzieren längs ihrer Bahn ein sog. „latentes" Bild, das entwickelbar ist. Die aktivierten, das heißt entwickelbaren AgBr-Kristalle längs der Spur wirken als Aktivierungszentren für die Entwicklung, die im wesentlichen darin besteht, zusätzliche Silberatome zu bilden, damit die Spur in Form von Körnern aus kolloidalem Silber sichtbar wird.

Nach der Theorie von GURNEY und MOTT verläuft die Formation des latenten Bildes in zwei Phasen. In der ersten Phase werden Elektronen der Brom-Ionen in leere Zustände des Leitungsbandes des Kristalles gehoben. Diese Elektronen wandern frei durch den Kristall bis sie an charakteristischen Stellen, die durch ein lokalisiertes Energieniveau im Leitungsband ausgezeichnet sind, eingefangen werden. Diese sensiblen Stellen liegen an der Kristalloberfläche. In der zweiten Phase schlußendlich ziehen diese negativen Träger Silberionen an, die noch frei beweglich sind.

Durch die Rekombination entsteht ein Silberatom als entwickelbares Zentrum. Für die Sichtbarmachung muß in der Entwicklungsphase das Atom zum Korn aus kolloidalem Silber werden. Wie in der klassischen Photographie werden die unentwickelten Körner durch das Fixierbad herausgewaschen. Die entwickelten Körner bleiben in der Gelatine eingebettet.

Die speziellen Eigenschaften, die die Kernemulsion als Detektor erfolgreich erscheinen lassen, liegen in folgenden Tatsachen begründet:

a) Hohes Bremsvermögen. Die mittlere Dichte einer Kernemulsion beträgt 4 g/cm^2 und das Bremsvermögen ist etwa 1800 mal größer als in Luft.

b) Die photographische Platte ist immer empfindlich. Sie eignet sich daher zur Aufnahme von seltenen Ereignissen.

c) Die mikroskopischen Spurenlängen von der Größenordnung Mikrons gestatten eine hohe Winkelauflösung.

d) Die photographische Methode ist einfach in der instrumentellen Ausrüstung und Handhabung.

Die entscheidenden Nachteile liegen in den sehr mühsamen und langwierigen Auswertungen. Gesichtsfeld um Gesichtsfeld muß von Hand oder mit Auswertemaschinen nach interessanten Ereignissen durchgemustert werden. Bei komplizierten Mehrteilchen-Kernreaktionen allerdings wiegt ein sichtbar gemachtes Ereignis in der Statistik ungleich mehr als eine anonyme Zählstatistik.

Die Kernphotoplatte ist sowohl ein Instrument der niederenergetischen — als auch der Hochenergie-Physik.

Die Zusammensetzung der Gelatine und die beschränkte Möglichkeit der Inkorporation von Fremdsubstanzen eröffnen für die Meßtechnik neue Möglichkeiten.

Während gewichtsmäßig 80% auf das AgBr entfällt, wird das Verhältnis der schweren zu den leichten Kernen durch den Wassergehalt maßgebend bestimmt.

Die Physik der sog. leichten Kerne verdankt der Photoplattentechnik dank dem Vorhandensein von C, O, N und H entscheidende Fortschritte.

Es liegt auch auf der Hand, den Versuch zu unternehmen, an Stelle von H_2O D_2O in die Platte* zu bringen; ebenso wurden mit

Tabelle II.8.1. *Zusammensetzung einer typischen Kernemulsion* (Umgebungsfeuchte ~ 60%)

Element	A	Gehalt in g/cm³	Atome/cm³
Silber	107,88	1,97	$1,14 \cdot 10^{22}$
Brom	79,91	1,44	1,13
Iod	126,92	0,036	0,02
Kohlenstoff	12,01	0,27	1,43
Wasserstoff	1,008	0,038	2,39
Sauerstoff	16,00	0,16	0,65
Stickstoff	14,008	0,080	0,36

Erfolg Li, B und andere Substanzen durch Tränken der Platten mit entsprechend eingestellten Lösungen inkorporiert.

Im allgemeinen haben sich praktisch die AgBr-Emulsionen völlig durchgesetzt. Die Ersetzung von Br durch andere Halogene wie Cl hat sich als sehr problematisch erwiesen.

Tabelle II.8.2. *Empfindlichkeiten einiger kommerziell erhältlicher Emulsionen*

	β_{max}	ε_{max}(MeV)
Ilford* G 5	1	∞
C 2	0,3	50
E 1	0,12	7
Kodak* NT 4	1	∞
NT 2a	0,6	200
NT 1a	0,2	20

* Ilford Laboratories, Ilford (London); Kodak, Ltd., Harrow (England).

Die Auswahl der kommerziell erhältlichen Kernemulsionen richtet sich nach dem Anwendungszweck. Wichtig dabei ist der sog. β_{max}-Wert$=v_{max}/c$-Wert (Empfindlichkeit, bei der ein einfach geladenes Teilchen noch registriert wird). Zusätzlich interessiert für den Nukleonennachweis die maximale Protonenenergie ε_{max}(MeV), bei der ein Nachweis noch möglich ist.

Die Emulsionsdicke ist ein Kriterium der Gießtechnik**, in der Regel genügen 100 — 300 Mikrons. Bei größeren Schichtdicken wird eine saubere Durchentwicklung problematisch. Es ist auch möglich, flüssige Emulsionen zu kaufen, um selbst Platten herzustellen, was nur im Notfalle zu empfehlen ist.

---

* Neutronennachweis, Deuteriumspaltung.
** Normales Format der Platte: $1'' \times 3''$.

Ein fundamentales Instrument der Kernphotoplattentechnik bilden die Reichweite-Energie-Beziehungen. Für eine Emulsion mit fester Zusammensetzung, und das bedeutet ein definierter Wassergehalt, sind die Anzahl n_e Elektronen pro Einheitsvolumen und das mittlere Ionisationspotential w des „Bremsatoms" bekannt, so daß

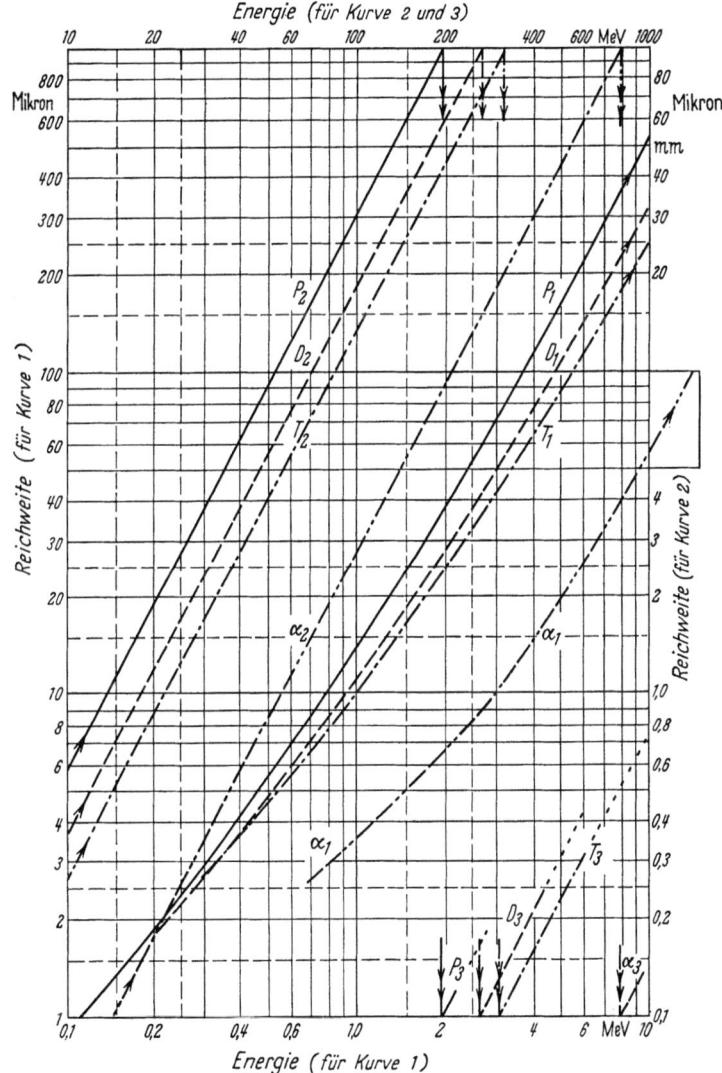

Abb. II.8.1. Reichweite-Energie-Kurven nach Vigneron [38] für Protonen, Deuteronen, Tritonen und α-Teilchen in Ilford C_2-Emulsionen. (Fehler 1—3%) Beispiel: 5,3 MeV α-Teilchen: ~ 23 μ entsprechend nach Gl. (2) ~ der Reichweite von einem 1,35-MeV-Proton

die in Abschnitt II.1.2 behandelte Reichweite-Energie-Beziehung in der einfachen Form

$$R = \frac{M}{Z^2} \cdot F_2(\beta) \tag{1}$$

angeschrieben werden darf.

Für eine Klasse von Teilchen ist daher R/M eine reine Geschwindigkeitsfunktion. Für andere Werte von Z ist

$$\frac{R}{M} = \frac{1}{Z^2} \cdot F_3\left[\frac{E}{M}\right]. \tag{2}$$

Die Reichweite-Energie-Tafeln lassen sich daher für verschiedene Arten von Teilchen durch reine Translation (in weiten Grenzen und solange keine Umladungseffekte auftreten) aufstellen.

Das Absuchen sowie das Ausmessen der Platten geschieht, wenn keine besonderen Maschinen entwickelt werden, mit binokularen Forschungsmikroskopen*, wobei das Meßokular mit einer Strichplatte geeicht werden muß.

In der Regel werden folgende Bestimmungsstücke gemessen:

Koordinaten des Ereignisses
Horizontalprojektion l' der Spur
Vertikalprojektion (Höhe h) in μ
Winkel zwischen Spur und einer vorgegebenen festen Richtung (Beispiel: Einfallsrichtung der primären Strahlung).

Für die Berechnung der Reichweite l der Spur sind noch Angaben über die Schrumpfung S der Platte während des Behandlungsprozesses nötig. Diese letzte Größe schwankt von Platte zu Platte je nach Behandlung und Emulsionsart. Sie dürfte aber zwischen 2 und 3 liegen.

$$\left(S = \frac{\text{Plattendicke vor Behandlung}}{\text{Plattendicke nach Behandlung}}\right).$$

Der mittlere S-Wert kann mit Hilfe von Tastuhren ermittelt werden.

Die Reichweite l einer Spur berechnet sich dann zu

$$l = [l'^2 + (h \cdot S)^2]^{1/2} \tag{3}$$

Kennt man die Unsicherheiten der Horizontalprojektion $\Delta l'$, der Vertikalprojektion Δh und der Schrumpfungsmessung ΔS, dann bestimmt sich der totale Meßfehler der Reichweite der Spur zu:

$$\Delta l = \frac{l' \cdot \Delta l'}{l} + \frac{S^2 h \cdot \Delta h}{l} + \frac{h^2 \cdot S \, \Delta S}{l}. \tag{4}$$

---

* Bei Streu- und Winkel-Messungen werden oft spezielle Anforderungen an den Mikroskopier-Tisch gestellt.

Die Diskussion der Gl. (4) zeigt, daß horizontale Spuren ($h = 0$) sehr genau (etwa auf eine Korngröße von 1 μ) gemessen werden können. Je steiler die Spur, umso ungenauer die Messung.

Die Meßfehler horizontaler Spuren sind durch die Korngröße, Korndichte und Dichteschwankung der Emulsion bedingt und dürften für ein α-Teilchen mittlerer Energie (3—8 MeV) etwa 3—4% (prozentuales Auflösungsvermögen) betragen.

Die Kernphotoplattentechnik hat viele Methoden der Teilchenidentifikation entwickelt, die in einem späteren Abschnitt angedeutet werden sollen. Bei richtiger Wahl der Kernphotoplatte und deren Entwicklung ist es auf jeden Fall bei allen in der Emulsion verbliebenen Spuren möglich, Anfang und Ende an Hand der Korndichte $\left(\dfrac{dN}{dR}\right)$ zu bestimmen.

In der niederenergetischen Kernphysik und auch bei vielen Beispielen der Physik der Elementarteilchen eröffnet sich durch die klare Darstellung der Kernreaktion auf Grund der sichtbaren Reaktionspartner, von denen man Reichweite und Winkelverteilung kennt, die Möglichkeit der Energie und Impulsbilanz. TELEGDI [*39*] und andere Autoren [*40*] haben erstmals die Impulserhaltung als Kontrolle und als Kriterium der Zuverlässigkeit einer Messung eingeführt.

Bei vielen Kernreaktionen ist die Energie der primären Teilchen und der Reaktionsablauf oder eines von beiden bekannt.

Besonders bei Kernphotoeffekten, bei denen die Primären harte γ-Quanten sind, hat sich das Prinzip der Energie-Impulsbilanz als sehr fruchtbar auch für die Klärung des Reaktionsablaufes erwiesen. Als Beispiel sei die sog. ,,Kohlenstoffspaltung" in drei Alphateilchen $C^{12}(\gamma, 3\,\alpha)$ angeführt. (Siehe auch [*39*] und [*40*].)

In der photographischen Platte beobachtet man in diesem Falle 3 Alphaspuren, die von einem Zentrum ausgehen und als ,,Stern" bezeichnet werden. Verwendet man beispielsweise die 17,6 MeV γ-Linie der $Li^7(p, \gamma)$-Be^8-Reaktion als auslösende Strahlung, dann stellt sich bei bekannter Bindungsenergie ($Q = -7{,}3$ MeV) die Energiebilanz folgendermaßen dar:

$$\sum_{1}^{3} E_i + |Q_B| = h \cdot \nu \quad |Q_B|: 7{,}3 \text{ MeV}$$

$$\sum_{1}^{3} E_i = \text{totale Energie des } C^{12}\text{-Sternes}.$$

Aus der Tatsache, daß der Impuls des γ-Quants im Vergleich zu den Impulsen der ausgesandten α-Teilchen sehr klein ist, ergibt sich die Möglichkeit der Impulserhaltungskontrolle. Unter Vernachlässigung des Impulses der γ-Quanten müßte bei guter Ausmessung die Summe der α-Impulse Null sein.

Es hat sich als sehr zweckmäßig erwiesen, als Einheit des Impulses den Impuls eines α-Teilchens von 1 MeV-Energie einzuführen.

$$(1\ I.\ E = \sqrt{E_\alpha} \cdot \sqrt{1}).$$

Der Impuls p eines γ-Quants von 17,6 MeV (Li-γ-Strahlung) würde demnach in diesen Einheiten

$$p = \frac{h \cdot \nu}{c\,[2\,M_\alpha]^{1/2}} = 0{,}2$$

betragen.

Daraus ergibt sich für die Impulskontrolle bei allen Kernreaktionen, die durch Kernphotoeffekt mit der 17,6 MeV-Linie entstanden sind, das Kriterium: Nur diejenigen Sterne sind reell, bei denen der Betrag des Gesamtimpulses beispielsweise den dreifachen Betrag des γ-Quantimpulses (für die 17,6 MeV-γ-Linie: $p = 0{,}2$) nicht übersteigt. Alle anderen Ereignisse sind entweder schlecht gemessen oder die Spuren verlassen die photographische Schicht oder aber es entsteht eine unbekannte Kernreaktion, bei der nichtgeladene Teilchen wie Neutronen entstehen.

In diesem Sinne kann die photographische Methode, wie noch gezeigt wird, nicht nur für die Spektroskopie von harten γ-Quanten (wenn die Spektrometer-Reaktion bekannt ist) herangezogen werden. Ebenso erfolgreich können auf dem Wege der Energie-Impuls-Bilanz sog. radioaktive Störreaktionen, die durch Kontamination der photographischen Emulsion mit natürlichen radioaktiven Produkten * entstehen, ausgeschaltet werden. Es ist auch mit Störreaktionen der kosmischen Strahlung innerhalb der Emulsion zu rechnen. (Flugtransporte. Abhilfe durch Sonderbehandlung, der sog. „background eradication".)

Die Berechnung der Impulskomponenten vor der Schrumpfung erfolgt im Falle eines Sternes** mit 3 Alphateilchen nach dem folgenden Schema, wobei zu den üblichen Bestimmungsstücken l', h und S die Winkel α_1 die die Alphaspuren zu einer festen Richtung bilden, dazukommen.

$$P_x^{(i)} = l'_{(i)} \cdot (E_i)^{1/2} \cdot \cos \alpha_i / l_i\,,$$
$$P_y^{(i)} = l'_{(i)} \cdot (E_i)^{1/2} \cdot \sin \alpha_i / l_i\,,$$
$$P_z^{(i)} = h_{(i)} \cdot S(E_i)^{1/2} / l_i\,.$$

Der Betrag des Gesamtimpulses soll also innerhalb der Grenze $|p| \leq 0{,}6$ in den oben eingeführten Impulseinheiten liegen.

Das Energieauflösungsvermögen (in %) der photographischen Methode, für 17,6 MeV-γ-Quanten, wenn die $C^{12}(\gamma, 3\alpha)$-Reaktion

---
* Beispiel: Thorium-Stern.
** Weitere Beispiele: Sterne mit 4 Teilchen: $O^{16}(\gamma, 4\alpha)$; 3 Teilchen: $B^{11}(\gamma, t)\,Be^{8*}$, $Be^{8*} \to 2\,He^4$; 2 Teilchen: Rückstoßreaktionen: $Li^7(\gamma, \alpha)\,H^3$, $N^{14}(\gamma, \alpha)\,B^{10}$, $O^{16}(\gamma, \alpha)\,C^{12}$ und so weiter.

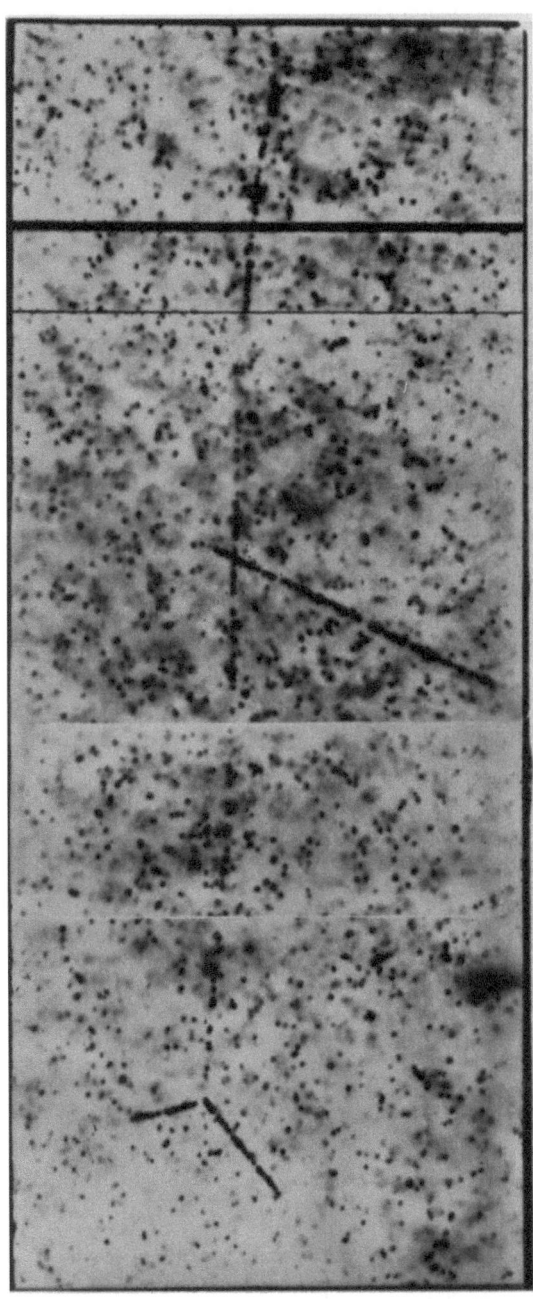

Abb. II.8.2. Stern der Reaktion $B^{11}(\gamma, t) Be^{8*}$, $Be^{8*} \to 2\, He^4$. ($h\nu = 17,6$ MeV). Man beachte die gute Unterscheidbarkeit der Alphateilchen (links) von dem Triton (lange Spur). In der Bildmitte kreuzt eine einzelne Alphaspur die Tritonspur. (Wahrscheinlich γ, α-Effekt am Silber.)

als „Spektrometer-Reaktion" benutzt wird, beträgt bei der schärfsten Anwendung des Impulskriteriums 4—6%.

Die Entwicklungstechnik der Kernphotoplatte muß auf den hohen AgBr-Gehalt und die große Schichtdicke von >100 µ Rücksicht nehmen.

Ebenso sind die Forderungen nach der guten Diskriminierbarkeit der Teilchen zu beobachten.

Eingebürgert hat sich die sog. „Temperatur-Zyklus-Methode"* mit Kalt- und Warm-Bad, anschließendem Stop-Bad und Fixierung** mit Wässerung.

Die Eindringfähigkeit des Entwicklers in bezug auf Emulsionsdicke t kann mit folgender empirischer Beziehung wiedergegeben werden:

$T = k \cdot t^x$, wobei T die Eindringzeit, t die Emulsionsdicke und k eine von Temperatur und Entwickler abhängige Konstante bedeuten.

x als Exponent wurde empirisch etwa zu 1,4 bestimmt.

Man braucht Zeit für das Entwickeln. Daher wird die Emulsion im sog. Kaltbad bei 4—5°C mit Entwickler getränkt.

Bei dieser Temperatur arbeitet der Entwickler nicht. Die eigentliche Entwicklung findet im Warmbad statt, bei genau eingestellter Temperatur und Zeit. Für die Entwicklung genügt die aus der Kaltbadphase gespeicherte Entwicklermenge. (Kaltbadezeiten 30—60 min., Warmbad 18°C 15—20 min.) Um eine gleichmäßige Durchentwicklung zu bekommen, ist es empfehlenswert, die Erwärmung von unten (Glas-Seite) in Richtung nach oben vorzunehmen. (Spuren an der Emulsions-Oberseite sind in der Regel wegen der besseren Sättigung der Emulsion mit Entwickler stärker entwickelt).

Die Fixier- und Wässerungs-Zeiten dehnen sich sehr lange aus (12—24 h) und sind entsprechend der Schichtdicken einzustellen. Als Entwickler haben sich spezielle Hydrochinon-Entwickler wie etwa der Kodak D19b oder Ilford ID19 oder aber auch Amidol-Entwickler durchgesetzt. (Siehe Rezepte bei BEISER oder [40].) Die Entwicklungszeit und die Diskrimination der verschiedenen Teilchen-Spuren kann durch die Einstellung des pH-Wertes des Entwicklers gesteuert werden. (Je kleiner der pH-Wert, umso langsamer die Entwicklung.) Bei Schichtdicken ≤ 300 µ hat sich eine Einstellung auf pH 7,2 bis 7,4 bewährt; während durch Borsäurezusätze bei Schichtdicken ≥ 300 µ pH-Werte von 6,4—6,7 sich als günstig erwiesen haben. Die Fixierung und Wässerung hat sehr sorgfältig zu erfolgen, da die Schrumpfung der photographischen Emulsionen

---
* Allg. Rezepte siehe bei A. BEISER: Nuclear emulsion technique. Rev. mod. Phys. **24**, 273 (1952).
** Mit Natriumthiosulfat (80% AgBr wird herausgelöst).

beträchtlich ist und höchste Forderungen an die Homogenität gestellt werden.

Man wird daher mit Vorteil, um völlig reproduzierbare Resultate zu erhalten, eine automatische Entwicklungsmaschine einsetzen.

Für die Beseitigung des Untergrundes hat sich Wasserdampf bewährt ($\sim 40\,°C$). Sehr vorsichtig muß nach der Prozedur die Empfindlichkeit der Emulsion getestet werden. An den sensiblen Zentren wird offenbar durch eine Oxydation das entwickelbare Silber-Atom in ein Silber-Ion umgewandelt ($4\,Ag + O_2 + 2\,H_2O \rightarrow 4\,Ag^+ +$ $+ 4\,OH^-$). Unter diesem Gesichtspunkt muß auch der Schwund des latenten Bildes betrachtet werden:

$$F = \frac{N - N_0}{N_0} \;;\quad N_0: \text{Anzahl Körner in gegebener Spurenlänge nach unmittelbarer Entwicklung.}$$

N: Anzahl Körner, wenn zwischen dem Entstehen des latenten Bildes und der Entwicklung die Zeit t liegt.

Daß dieser Effekt außer der Zeit auch noch von der Atmosphäre, dem Wassergehalt der Emulsion und der Temperatur abhängt, scheint nach dem Gesagten verständlich zu sein.

Dieser „Fading-Effekt" beschränkt den Einsatz der Kernphotoplatte in gewissen Richtungen; besonders die Bestrahlung von flüssigkeitsgetränkten Platten im feuchten Zustand wird problematisch. (Gutes Beispiel: Tränkung der Platte mit D_2O.)

II.8.2. Anwendungsbeispiele der Kernphotoplattentechnik

Das ausgeprägteste Anwendungsgebiet der Kernphotoplatte lag in der Hochenergiephysik, nachdem es gelang, Emulsionen höchster Empfindlichkeit (Nachweis relativistischer Teilchen) und größter Schichtdicke herzustellen (Plattenpakete). Die spektakulären Erfolge in der Physik der Elementarteilchen um 1950 herum, sind in der Einleitung erwähnt. Zusehends wird jetzt aber die photographische Methode durch Blasen- und Funken-Kammer ersetzt, die erhebliche meßtechnische Vorteile besonders bei Experimenten an Hochenergie-Beschleunigern für sich buchen können. Für die Registrierung seltener Ereignisse, die durch die primäre Komponente der kosmischen Strahlung ausgelöst werden könnten, hat die Photoplattentechnik eine gewisse Bedeutung erhalten. Es sind auf jeden Fall Methoden der Teilchenidentifikation entwickelt worden, die auch bei den moderneren Instrumenten wie Blasenkammern in einem gewissen Umfang verwendet werden können.

a) Massenbestimmung mit Hilfe der Kornauszählung (für einfach geladene Teilchen). Die Methode der Kornauszählung (Anzahl Körner pro Einheitslänge) ist langwierig und mit großen Fehlern behaftet.

Die Anzahl der Körner N in einer Spur (Gesamtzahl bis zu einer Restreichweite R) ist eine Funktion der einfallenden Partikelenergie E

$\left(\text{oder Korndichte } \dfrac{dN}{dR} \text{ prop. } \dfrac{dE}{dR}\right).$

$$N = M\,F\left(\dfrac{R}{M}\right). \tag{1}$$

Für zwei Teilchen a und b ergeben sich folgende Werte für N:

$$N_a = M_a F\left(\dfrac{R_a}{M_a}\right), \tag{2a}$$

$$N_b = M_b F\left(\dfrac{R_b}{M_b}\right). \tag{2b}$$

Unter der Annahme, daß die Funktion $F\left(\dfrac{R}{M}\right)$ identisch gewählt wird

$$F\left(\dfrac{R_a}{M_a}\right) = F\left(\dfrac{R_b}{M_b}\right) \tag{3}$$

wird die einfache Beziehung

$$\dfrac{N_b}{N_a} = \dfrac{M_b}{M_a} = r \tag{4}$$

und damit das Massenverhältnis erhalten.

Im log. Maßstab: $\log N_b - \log N_a = \log r$; das heißt: wird in einem logarithmischen Maßstab $\log N$ gegen $\log R$ aufgetragen, so erhält man für jede Masse eine Gerade.

b) δ-Strahl-Methode. Bei sehr großen Teilchenenergien kann beim Durchgang durch Materie gelegentlich ein Elektron eine so große Energie[*] aufnehmen, daß es eine gut ausmeßbare Spur in der photographischen Emulsion hinterläßt. (Siehe auch Abschnitt II.1.3: Sekundäre Ionisationseffekte.)

Die Zahl dN_δ der δ-Strahlen pro cm Weglänge im Energiebereich w und $w + dw$ ist eine Funktion der Geschwindigkeit und Ladung des Primärteilchens.

$$dN_\delta(\beta, w) = 2\pi N \left(\dfrac{e^2}{mc^2}\right)^2 \cdot \dfrac{Z^2}{\beta^2} \cdot mc^2 \cdot \dfrac{dw}{w^2} \tag{5}$$

und

$$N_\delta = 2\pi N \left(\dfrac{e^2}{mc^2}\right)^2 \cdot \dfrac{Z^2}{\beta^2} \left[\dfrac{mc^2}{w_{\min}} - \dfrac{mc^2}{w_{\max}}\right] \tag{6}$$

---

[*] Die maximale, auf ein Elektron übertragbare Energie beträgt $w_{\max} = 2\,mc^2\,\beta^2$.

wobei N: Anzahl Elektronen im cm³-Bremssubstanz,
β, Z, e: Geschwindigkeit und Ladung des Primärteilchens,
m, e: Masse und Ladung des Elektrons,
w_{min}: minimale Energie, von der an ein δ-Strahl mitgezählt wird,
w_{max}: maximale Energie, die von einem Primärteilchen auf ein Elektron übertragen werden kann,
bedeuten.

Das Problem wird darin bestehen, eine Konvention für w_{min} zu finden.

c) *Vielfach-Streuung (Coulomb-Streuung)*. In der Hochenergiephysik spielt die Vielfachstreuung als Methode zur Teilchenidentifikation eine hervorragende Rolle. Nehmen wir an, daß ein hochenergetisches geladenes Teilchen die Emulsion durchquert hat und zwar ohne merkbaren Energieverlust. Dann liefert die Theorie der Mehrfachstreuung ein brauchbares Unterscheidungskriterium:

$$\Phi = \frac{k \cdot z \cdot \sqrt{t}}{p \cdot v} \qquad (7)$$

Φ: mittlerer absoluter Streuwinkel,
z, p, v: Ladung, Impuls und Geschwindigkeit des gestreuten Teilchens
t: Emulsionsdicke.

$$K = 2e^2 \left[\sum_i N_i Z_i^2 \right]^{1/2} \cdot f(v, t) \quad \text{(Streukonstante)} \qquad (8)$$

N_i: Anzahl Atome mit Ladungszahl Z, pro cm³ der Emulsion,
$f(v,t)$*: stellt eine langsam veränderliche logarithmische Funktion dar,
Φ: geht proportional mit Z und umgekehrt proportional mit dem Produkt Impuls × Geschwindigkeit.

Das Verfahren der Vielfachstreuungs-Messung wird in der Regel in Spurenabschnitten angewendet, in denen v und p beinahe konstant sind.

Bei der sog. „Sagitta-Methode" wird die auszumessende Spur parallel zur x-Richtung des Mikroskopiertisches eingestellt und die Punkte $x_1, x_2, x_3, \ldots$, die in äquidistanten Abständen Δx liegen, markiert. Die Abstände $y_1, y_2, y_3, \ldots, y_n$ zwischen der Bahnspur und den Bezugsgeraden werden ermittelt.

$$\alpha = \frac{(y_n - 2y_n - 1 + y_n - 2)}{\Delta x} \qquad (9)$$

---

* Nähere Angaben über den Wert der Streukonstanten K findet man bei GOTTSTEIN et al.: Phil. Mag. **42**, 708 (1951).

stellt dann den Winkel zwischen zwei im Abstand t befindlichen Sekanten dar.

Der Zusammenhang zwischen $\bar{\alpha}$ (gemittelter Wert) und $\overline{\Phi}$ gibt die Beziehung (10)

$$\overline{\Phi} = \left(\frac{2}{3}\right) \cdot \bar{\alpha}. \tag{10}$$

Vergleicht man bei Spuren bekannter Energie (resp. p und v) die gemessenen Φ-Werte, dann läßt sich mit Hilfe von Gl. (7) eine einwandfreie Massenbestimmung durchführen.

In der niederenergetischen Kernphysik hat die Kernphotoplatte neben ihrer Anwendung in der sog. Physik der leichten Kerne (siehe Beispiele in Abschnitt II.8.1) einen festen Platz als Neutronendetektor mit der Möglichkeit der Spektroskopie errungen.

Langsame Neutronen werden mit Hilfe der Reaktionen $Li^6(n, \alpha)H^3$ und $B^{10}(n, \alpha)Li^7$, die Spuren von 40 und 4 μ Länge ergeben, erfaßt. Besonders die Einlagerung von Li_2SO_4 (etwa 0,0267g Li pro cm^3 Emulsion) in die Emulsion ist technisch gut realisierbar. Dagegen wäre auch eine Bor-Einlagerung möglich; die kurze Spurenlänge macht aber eine mikroskopische Auswertung sehr schwierig.

Schnelle Neutronen werden über den Protonenrückstoß erfaßt ($\sim 2{,}4 \cdot 10^{22}$ H-Atome/cm^3 Emulsion).

In diesem Fall und unter Berücksichtigung vom sehr kleinen Streuwinkel Θ wird

$$E_p = E_n \cdot \cos^2 \Theta. \tag{11}$$

Eine andere Methode benutzt wieder die Kernreaktionen in Bor-geladenen Platten:

$$B^{10} + n \to He^4 + He^4 + H^3 \tag{I}$$

oder $\quad B^{11} + n \to Li^8 + He^4$
$\qquad\qquad\quad \downarrow$
$\qquad\quad Li^8 \to 2\, He^4 \tag{II}$

In der Platte beobachtet man unter (I) einen dreibeinigen Stern; unter (II) einen sog. „Hammer-track" (symbolisch Hammer mit T-Schaft). Reaktionsablauf und Wirkungsquerschnitte der Reaktionen (I) und (II) sind bekannt.

Die photographische Methode läßt in ihrer Einfachheit sehr viele Möglichkeiten offen. Entscheidend für ihren Einsatz werden aber in vielen Fällen die guten Unterscheidungsmöglichkeiten der einzelnen Teilchen und die Möglichkeit, unbekannte Reaktionspartner zu ermitteln, sein. Damit hat sich diese Methode einen bevorzugten Platz unter den Detektoren erworben.

II.9. Blasenkammer

Die größten Erfolge der experimentellen Kernphysik auf dem Gebiet der Elementarteilchenforschung, wie etwa die Entdeckung des Antiprotons, Antineutrons oder der Hyperonen, sowie der Nachweis der Existenz von Neutrino und Antineutrino sind mit der Blasenkammer (bubble chamber) als Detektor erzielt worden. Man darf sie daher als ein Hauptinstrument der Hochenergiephysik bezeichnen und sie würde bei einer starren Einteilung des Buches eigentlich außerhalb des Betrachtungskreises liegen.

Demgegenüber verlangt aber das aktuelle Interesse eine kurze Beschreibung, gleichsam als bescheidener Anhang zu den mehr oder weniger klassischen kernphysikalischen Detektoren.

Die technische Entwicklung des im Jahre 1952 von D. A. GLASER [*41*] entwickelten Prinzips ist weit fortgeschritten. Die Flüssigkeit in der Kammer, meist Propan oder flüssiger Wasserstoff, wird durch einen Druck, der etwa dem halben kritischen Druck entspricht, und eine Temperatur, welche knapp unter dem Siedepunkt liegt, in einen metastabilen Zustand gebracht. Eine schnelle Druckverminderung, etwa mit einem Kolben, versetzt die Flüssigkeit in einen thermodynamisch labilen Zustand. Dieser Zustand der „Überhitzung" besteht einige Millisekunden, vorausgesetzt, daß die Kammerwände glatt und sauber sind. In dieser Zeit ist die Kammer aufnahmebereit. Einfallende geladene Teilchen erregen infolge ihrer ionisierenden Wirkung auf die Flüssigkeitsmoleküle längs der Bahn eine Reihe von feinsten Dampfbläschen, die wachsen und mit Blitzlicht stereoskopisch photographiert werden. (Analoge, nur viel größere Einrichtungen wie bei der Wilson-Kammer).

Bevor das spontane allgemeine Sieden einsetzt, wird durch eine rasche Druckerhöhung der metastabile Ausgangszustand in der Kammer wieder hergestellt. Dieser Zyklus, — Dekompression, Aufnahme, Kompression —, spielt sich in etwa 20—30 ms ab. Die Folgefrequenz ist synchron mit der Arbeitsfrequenz des Synchrotrons gekoppelt.

Die Vorteile der verschiedenen Kammerfüllungen werden in einer Tabelle II.9.1 diskutiert. Besonders hervorzuheben ist die Wasserstoff-Blasenkammer. Obschon flüssiger Wasserstoff schwer zu handhaben ist (Explosionsgefahr, Betriebstemperatur $-250\,°C$, 4—5 Atm.) sind die Vorzüge als reine Protonentarget derart groß, daß man diese Nachteile in Kauf nimmt. (In dem CERN wird 1965 eine 2 m-Blasenkammer für Wasserstoff in Betrieb genommen.)

Ein weiterer für die Meßtechnik immenser Vorteil liegt darin, daß wegen der schwachen Coulombstreuung der H-Kerne (Z^2-Abhängigkeit) der Impuls mit der „Sagitta"-Methode (siehe entsprechender Abschnitt Kernphotoplatten), sehr genau bestimmt werden kann.

Helium als Kammerflüssigkeit (4,2 °K und ~ 1 Atm.) wird dann bevorzugt, wenn aus der Tatsache, daß der He-Kern den isotopen Spin 0 besitzt, Vorteile gezogen werden können.

Xenon wiederum ist wegen der relativ hohen Kernladungszahl Z geeignet, γ-Strahlen und neutrale Pi-Mesonen ($\pi^\circ \to 2\gamma$-Strahlen $\to$ Elektronenpaare) nachzuweisen.

Schlußendlich eignet sich Propan (C_3H_8) in dem Falle, wo die Ausbeute an Reaktionen eine Rolle spielt (Anzahl Ereignisse pro Maschinen-Impuls). Auch die Handhabung von Propan ist relativ einfach im Vergleich zu den übrigen verflüssigten Gasen.

Tabelle II.9.1. *Vergleich verschiedener Kammerflüssigkeiten*

Typ	ϱ g/cm²	$\lambda*$ cm	δS für 2 BeV Protonenspur 5 cm lang in μ	Magnetfeld für 10% Impulsfehler bei 5 cm Spurenlänge [Gauß]	Stopping Power (50 cm Kammer) g/cm²
Wasserstoffkammer	0,05	1380	2,3	6900	2,5
Heliumkammer	0,10	963	2,75	8200	5
C_3H_8-Kammer (Propan)	0,44	108	8,2	25000	22
Xenonkammer	2,3	3,1	48,5	140000	115

* Zusammenhang zwischen $\dfrac{\delta p}{p}$ resp. $\dfrac{\delta S_s}{\delta S_H}$ (siehe Text) und Strahlungslänge λ

$$\frac{\delta p}{p} = \frac{\delta S_s}{\delta S_H} = \frac{5{,}7 \cdot 10^4}{H\beta \sqrt{l \cdot \lambda}} \sim \frac{C}{\sqrt{\lambda}}$$

l = Spurenlänge, β = Teilchengeschwindigkeit, H = angelegtes Magnetfeld.

In der Regel werden alle „bubble chambers" mit Magnetfeldern ausgerüstet, die dann mit Hilfe der „Sagitta"-Methode eine Impulsmessung p (resp. $p \cdot c$ in MeV) ermöglichen.

$$\delta S_H = 3{,}75 \cdot 10^{-5} \cdot \frac{l^2 \cdot H}{pc}$$

l: Spuren-Länge in cm,
H: in Gauß,
pc: in MeV,
δS_H: Sekante des projizierten Kreisabschnittes.

Es ist daraus verständlich, daß δS_S (Effekt durch Coulombstreuung) genau bekannt sein muß und im besten Fall vernachlässigbar sein soll. Nur unter dieser Bedingung ist eine genaue Impulsmessung möglich.

Das Auszählen der Bläschen in der Kammer kann, analog wie in der Photoplattentechnik die Kornauszählung, dazu dienen, die Geschwindigkeit β des Teilchens zu bestimmen.

In Propan beispielsweise wurde folgende empirische Relation gefunden:

$$b \; \frac{\text{Anzahl Bläschen}}{\text{cm}} = \frac{A}{\beta^2} + B(T)$$

A: $9{,}2 \pm 0{,}2 \; \frac{\text{Bläschen}}{\text{cm}}$

$B(T)$: nur temperaturabhängige Funktion.

Eine Fehlerrechnung zeigt, daß $\frac{\delta\beta}{\beta} = \frac{\beta}{2\sqrt{AL}}\left(1 + \beta^2 \cdot \frac{B}{A}\right)^{1/2}$ im wesentlichen von der statistischen Streuung der Bläschenproduktion beeinflußt wird.

A: Konstante wie oben; L: Spurenlänge in cm.

Über den Mechanismus der Bläschenbildung durch ionisierende Teilchen existieren verschiedene Theorien, die nicht völlig widerspruchsfrei sind und deren Bedeutung im Rahmen einer kurzen Zusammenfassung unerheblich wird.

Die „elektrostatische" Theorie nimmt an, daß ein Bläschen, enthaltend n gleiche Ladungen, wachsen würde, wenn der Druck in der Flüssigkeit geringer ist als der Dampfdruck bei Sättigung bei der Umgebungstemperatur. Durch die gegenseitige elektrostatische Abstoßung dieser Ladungsansammlung kann ein „elektrischer Druckeffekt" entstehen, der den Vorgang auslösen kann. Um diesen „Unterbrechungseffekt" in der überhitzten Flüssigkeit hervorzurufen, braucht man einige Ladungen, die innerhalb einer Kugel angeordnet sind. Über die Größe dieses „hypothetischen Urbläschens" und dessen Ladungsansammlung wird diskutiert und Einwände, die aus dem experimentellen Material stammen, erhoben. Eine weitere Theorie beschäftigt sich mit der lokalen Überhitzung bei der Umwandlung der durch die Teilchenbremsung frei werdenden Energie.

Die elektrische Theorie stimmt im wesentlichen bei schweren ionisierten Teilchen mit dem Experiment überein. Die thermische Theorie kann mit Erfolg bei der Xenon-Kammer angewendet werden.

Als abschließendes Beispiel sei eine interessante Aufnahme aus einer 15 cm Propan-Kammer (University of Michigan) angeführt, in der die Reaktion $\pi^+ + N \to \pi^0 + P$ stattfindet (Ladungs-Austausch).

Die beiden Annihilationsquanten beim π^0-Zerfall sind nicht sichtbar; (dazu müßte man eine Xenon-Kammer einsetzen), nur die Folgeprodukte (Elektronenpaar) eines γ-Quants sind oben rechts erkennbar.

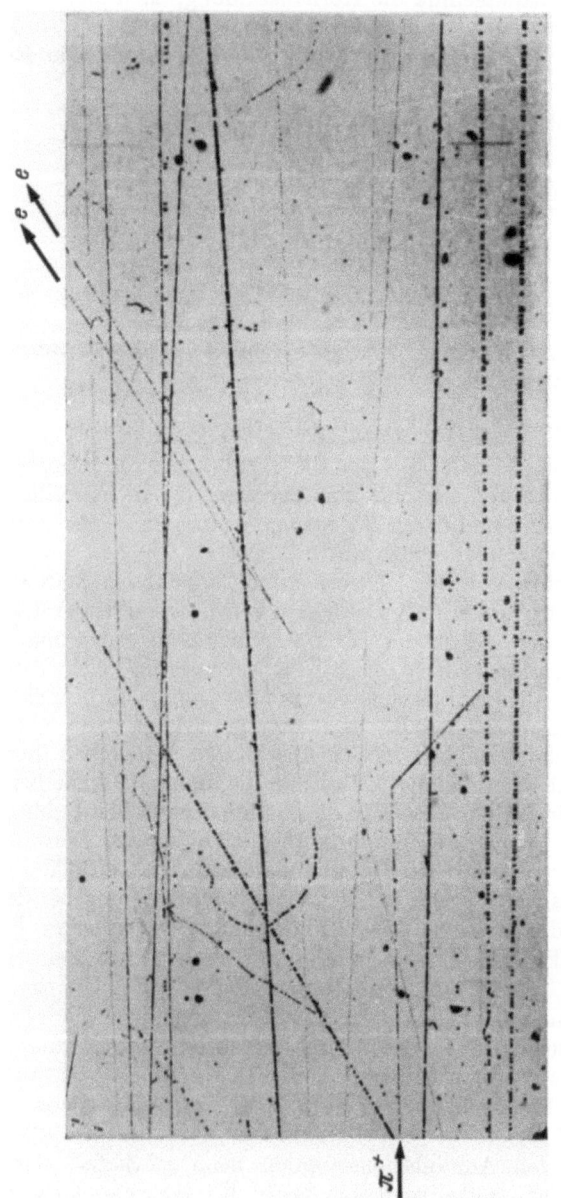

Abb. II.9.1. Propan-Blasen-Kammer-Aufnahme (15 cm) einer Ladungsaustausch-Reaktion $\pi^+ + N \to \pi^0 + P$. Kommentar siehe Text

Literatur

[1] ANDERSON, C. D.: Phys. Rev. **43**, 491 (1933).
[2] GENTNER, W., H. MAIER-LEIBNITZ und W. BOTHE: Nebelkammerbilder. Berlin: Springer 1940.
[3] BLAU, M.: Z. Physik **34**, 285 (1925).
[4] LATTES, C. M. G., G. P. S. OCCHIALINI, and C. F. POWELL: Nature (Lond.) **160**, 453, 486 (1947).
[5] YORK, C. M.: Cloud Chambers, Handbuch d. Physik Bd. **45**, 260 (1958).
[6] MØLLER, C.: Ann. Physik **14**, 531 (1932).
[7] STERNHEIMER, R. M.: Phys. Rev. **103**, 511 (1956).
[8] BUDINI, P.: Nuovo Cim. **10**, 236 (1953).
[9] Handbuch der Physik Bd. XLV, Industrielle Hilfsmittel der Kernphysik II, 30. Berlin-Göttingen-Heidelberg: Springer 1958.
[10] BUNEMANN, O., T. E. CRANSHAW, and J. A. HARVEY: Canad. J. Res. A **27**, 191 (1949).
[11] FRANZEN, W., J. HALPERN u. W. E. STEPHENS: Phys. Rev. **77**, 641 (1950).
[12] WILKINSON, D. H.: Ionisation chambers and counters. Cambridge Monographies on Physics 1950.
[13] DICK, L., P. FALK-VAIRANT und J. ROSSEL: Helv. phys. Acta **20**, 357 (1947).
[14] BIBER, C., P. HUBER und A. MÜLLER: Helv. phys. Acta **28**, 503 (1955).
[15] BRETSCHER, E., and A. P. FRENCH: British Atomic Energy Project Report, Br. 386 (1944).
[16] ROSSI, B., and H. STAUB: Ionization chambers and counters. New York: McGraw Hill 1949.
[17] HANSON, A. O., u. J. L. MC KIBBEN: Phys. Rev. **72**, 673 (1947).
[18] KORFF, S. A., u. R. D. PRESENT: Phys. Rev. **65**, 274 (1944).
[19] GARDNER, M. F., and J. L. BAENES: Transients in linear systems. New York: John Wiley and Sons, Inc. 1942.
[20] ELMORE, W. C.: Nucleonics B, **16** (1948).
[21] CALDWELL, R. L., and S. E. TURNER: Nucl. **12**, 47 (1954).
[22] BELL, P. R., R. C. DAVIS, and W. BERNSTEIN: Rev. Sci. Instr. **26**, 726 (1955).
[23] SEIVER, W. VAN: Nucl. **14**, 50 (1956).
[24] KNOEPFEL, H., E. LOEPFE u. P. STOLL: Helv. phys. Acta **30**, 6, 521 (1957).
[25] BIRKS, J. B.: Scintillation Counters. New York: McGraw Hill Book Co.; London: Pergamon Press 1953.
[26] MOTT, W. E., u. R. B. SUTTON: Hdb. der Physik **45**, 86. Berlin-Göttingen-Heidelberg: Springer 1958.
[27] MAEDER, D., R. MÜLLER u. V. WINTERSTEIGER: Helv. phys. Acta **27**, 3 (1953).
[28] MILTON, H., u. R. HOFSTÄDTER: Phys. Rev. **75**, 1289 (1949).
[29] CERENKOV, P. A.: C. R. Acad. Sci. USSR **8**, 451 (1934).
[30] FRANK, I., and I. TAMM: C. R. Acad. Sci. USSR **14**, 109 (1937).
[31] MATHER, R. L.: Phys. Rev. **84**, 181 (1951).
[32] GETTING, I. A.: Phys. Rev. **71**, 123 (1947).
[33] DICKE, R. H.: Phys. Rev. **71**, 737 (1947).
[34] MARSHALL, J.: Ann. Rev. Nucl. Sci. **4**, 141 (1954).
[35] MCKAY, K. G.: Phys. Rev. **76**, 1537 (1949).
[36] WALTER, F. J., J. W. T. DABBS, L. D. ROBERTS, and H. W. WRIGHT: O.R.N.L. Rep. CF 58-11-99 (1958).
[37] TAYLOR, J. M.: Semiconductor particle detectors. London: Butterworth 1963.
[38] VIGNERON, L.: J. Phys. Radium **14**, 145 (1953).

[39] TELEGDI, V. L., u. W. ZÜNTI: Helv. phys. Acta 23, 745 (1950).
[40] NABHOLZ, H., P. STOLL u. H. WÄFFLER: Helv. phys. Acta 25, 1953 (1952).
[41] GLASER, D. A.: Phys. Rev. 87, 665 (1952).

III. Koinzidenz-Meßtechnik

III. 1. Koinzidenz-Meßmethoden

III.1.1. Einführung in die Koinzidenz-Meßtechnik

Beim Studium von Kernreaktionen und insbesondere auch der kosmischen Strahlung ist es oft sehr wichtig, die Zusammenhänge zweier oder mehrerer emittierter Partikel zu kennen. Man spricht dann von einer Koinzidenz, wenn zwei oder mehrere Detektoren innerhalb der Auflösungszeit der Koinzidenzanordnung simultan ansprechen und der daraus resultierende Impuls registriert wird. Das klassische Experiment stellt die Anordnung von BOTHE und GEIGER (1925) dar, die die Gleichzeitigkeit des Entstehens des Compton-Elektrons und des gestreuten γ-Quants zeigen konnten.

Auflösungsvermögen von $10^{-8}-10^{-9}$ s sind realisiert worden; die praktische obere Grenze dürfte bei 10^{-10} s liegen. Die Beschränkungen liegen in erster Linie im Detektor (Szintillationszähler); kurz zusammengefaßt in den verschiedenen Laufzeiten der beteiligten Teilchen.

In der groben Zusammenfassung kann die Anwendungstechnik der Koinzidenzmethode in zwei Gebiete eingeteilt werden. Die Gleichzeitigkeit zweier Impulse von Detektoren wird als Beweis für den Durchgang des geladenen Teilchens benützt. Es handelt sich hier um das weite Feld der Zähler-Teleskope, wie sie an großen Maschinen und bei der Erforschung der kosmischen Strahlung in allen möglichen Variationen eingesetzt werden.

In der anderen Gruppe sind alle Anordnungen anzutreffen, die für die Erforschung von Kernreaktionen, Zerfallsschemata, Richtungs-Korrelationen und fundamentaler Strahlungsprozesse notwendig sind.

Für die Messung kurzer Halbwertszeiten von angeregten Niveaus und für die Bestimmung von mittleren Lebensdauern von Elementarteilchen wird die sog. ,,verzögerte Koinzidenztechnik'' eingesetzt. Ein ,,Delay-Koinzidenz-Verstärker'' spricht nur auf Ereignisse von zwei Detektoren an, wenn der Durchgang der geladenen Teilchen nacheinander, getrennt durch das Zeitintervall Δt erfolgt. Jede Koinzidenzanordnung kann in eine verzögerte Anordnung umgebaut werden, wenn in einen Impulspfad ein Verzögerungsglied eingebaut wird. Verzögerte Koinzidenzen spielen auch bei Flug-Zeit-Messungen eine wichtige Rolle.

Schlußendlich gibt es auch Anti-Koinzidenz-Anordnungen, die nur ansprechen, wenn ein bestimmter Einzelimpuls aus einem bestimmten Kanal eintrifft. Antikoinzidenz-Verstärker werden bei Ausschließungsmessungen und vor allem bei Zählanordnungen mit geringstem Untergrund* (Verminderung des Nulleffektes) eingesetzt.

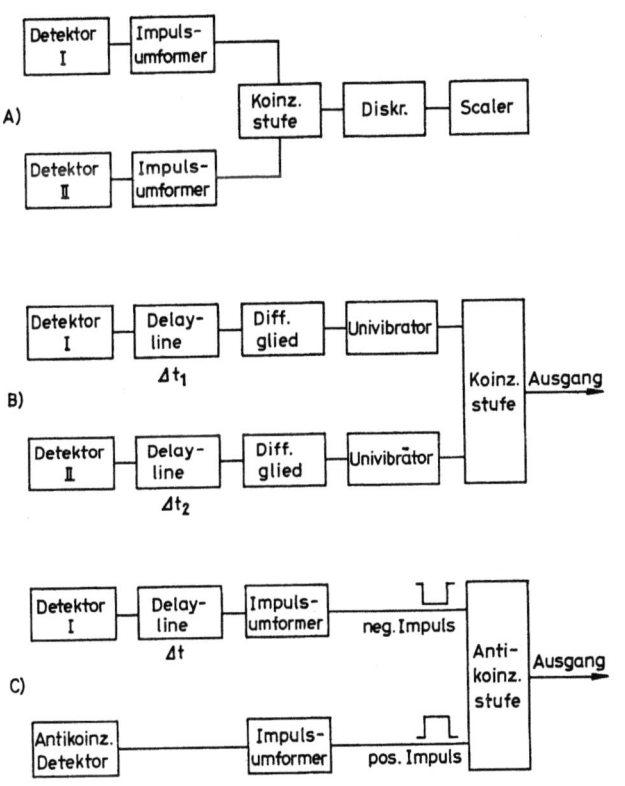

Abb. III.1.1. Blockdiagramme: (von oben nach unten) Koinzidenzanordnung, verzögerte Koinzidenzschaltung und Anti-Koinzidenzanordnung

Jede <u>Koinzidenzapparatur</u> besteht im wesentlichen aus mindestens 2 Detektoren, Impulsumformern für die Mischstufe, Mischstufe mit nachfolgendem Diskriminator.

---

* In der angelsächsischen Literatur mit dem treffenden Ausdruck „cosmic ray umbrellas" bezeichnet.

Bei der verzögerten Koinzidenz-Anordnung wird in einen Kanal eine Verzögerungs-Leitung oder Glied eingebaut. Die Anti-Koinzidenzanordnung weist in der Regel ein zusätzliches Impuls-Umkehr-Glied auf. Am Beispiel einer schnellen Koinzidenzanordnung von DE BENEDETTI et al. [1] soll das Problem der Erreichung eines guten Auflösungsvermögen diskutiert werden. (Siehe Abb. III.1.2.)

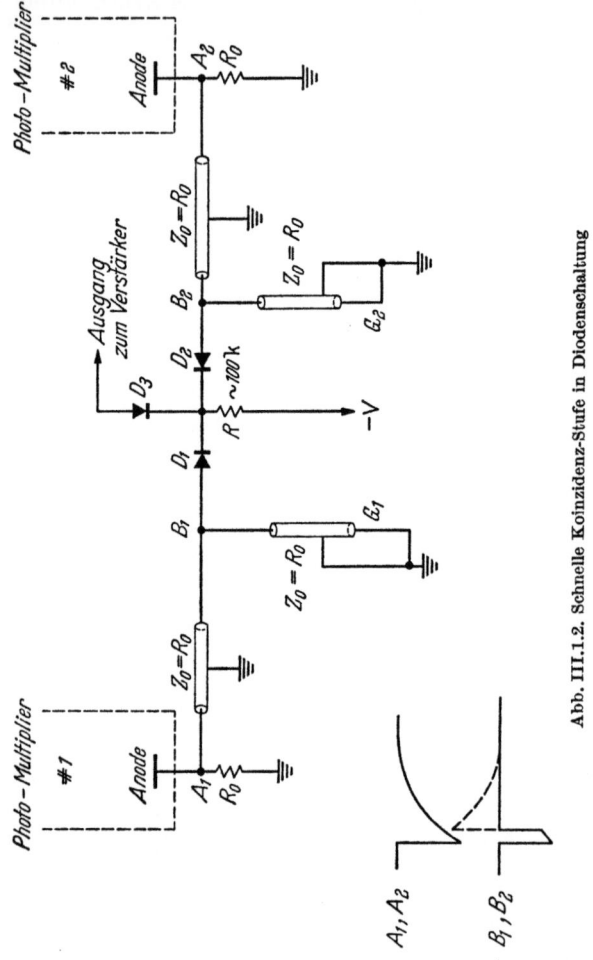

Abb. III.1.2. Schnelle Koinzidenz-Stufe in Diodenschaltung

Die beiden Multiplier sind über 100 Ω geerdet; so daß Impulsanstiegszeiten von $\approx 10^{-9}$ s realisiert werden können. Um die Impulslänge des Vervielfachers, hervorgerufen durch den exponentiellen Abfall des Szintillationslichtes, zu reduzieren, wird ein Reflexionskabel dazugeschaltet, das, wie aus Abb. III.1.2 ersichtlich, einen Umkehrimpuls erzeugt. Dieser reflektierte Impuls schneidet das für das Auflösungsvermögen schädliche Impulsende ab. (Impulseingang in Mischstufe beinahe rechteckförmig.) (Siehe auch Abb. II.4.11 Impuls-Abschneideschaltung mit Verzögerungsleitung.)

Da die Dioden einen „Vorwärts-Widerstand" r aufweisen, der viel kleiner ist als R, dann liegt im Ruhefall die statische Spannung $V \cdot \dfrac{r}{2R}$ am zentralen Mischpunkt. (Einige Zehntel-Volt.)

Wenn ein negativer Impuls (0,1 V und größer) den Ruhestrom an einer Diode unterbricht, steigt die Spannung mit einer Zeitkonstanten $r \cdot C$ (wobei C die Streukapazitäten über die Dioden und Schaltungselemente bedeutet) bis zu einem Maximum $V \cdot \dfrac{r}{R}$ an.

Werden beide Dioden unterbrochen in einem Koinzidenzfall, dann steigt der Impuls mit der Zeitkonstanten $R \cdot C$ bis zum Wert V an.

Einzelimpuls (Fehlerimpuls)*:

$$\frac{V \cdot r}{2R} \cdot (1 - e^{-t/rC}) \approx \frac{V}{2RC} \cdot t + \cdots$$

Koinzidenzimpuls $\quad V \cdot (1 - e^{-t/RC}) \approx \dfrac{V}{RC} \cdot t + \cdots$.

Im schlechtesten Fall beträgt die Impulshöhe das Doppelte des „Fehlerimpulses". Wenn aber die Eingangsimpulse größer als $\dfrac{Vr}{2R} \approx 0{,}1$ Volt sind, dann wird die Überhöhung: Koinzidenzimpuls/Fehlerimpuls viel größer.

Die dritte Diode D_3 ist wichtig wegen ihrer nichtlinearen Kennlinie und ihren Gleichrichtereigenschaften. Die Nichtlinearität erhöht das Verhältnis Koinzidenzimpuls/Einzelimpuls. Die gleichrichtende Wirkung verlängert den Koinzidenzimpuls um eine Zeit, die vergleichbar ist mit der Flankensteilheit der nachfolgenden Verstärker-Stufe. Das Auflösungsvermögen wird hier allein durch die Impulssteilheit und Umformung vor der Mischstufe definiert.

Ein wesentliches Element der Koinzidenztechnik im allgemeinen bilden die „Verzögerungsschaltungen" und „Verzögerungsleitungen"**.

Während die langen Verzögerungszeiten ($\Delta t > 10^{-5}$ s) mit elektronischen Schaltungen, die im wesentlichen aus sog. „Impulsformerstufen" (Univibratoren) bestehen, erreicht werden, spielt in der modernen, schnellen Meßtechnik die Impulsverzögerung durch Verzögerungskabel eine wesentliche Rolle.

---

* Die Bezeichnung „Fehlerimpuls" soll andeuten, daß nach dem idealen Gedankenexperiment ein Einzelstoß in einem Kanal keinen Ausgangsimpuls nach der Koinzidenzstufe hervorrufen dürfte.

** delay-lines.

Die kontinuierliche „Delay-line" kann mit einer verlustfreien Leitung verglichen werden und wird in der Regel durch ein spezielles koaxiales Kabel realisiert.

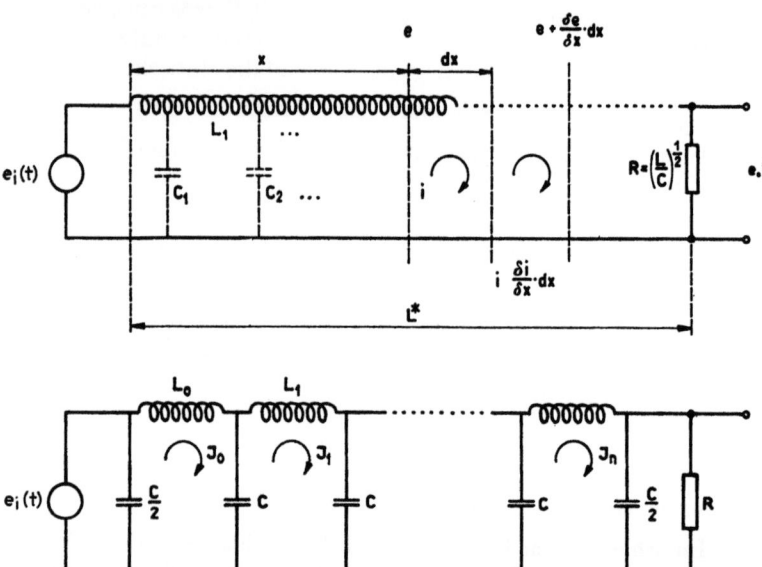

Abb. III.1.3. Kontinuierliche „Delay-line" und diskrete „Delay-line" mit Abschlußwiderstand

Für Verzögerungszeiten $> 10^{-6}$ s empfiehlt es sich, die sog. diskrete Delay-line zu benützen, die aus einer Reihe von Induktivitäten mit Ableitkondensatoren besteht. Die höhere Verzögerungszeit wird hier durch eine Verschlechterung der Übertragungsfunktion erkauft. (Jede diskrete Delay-line weist eine nach der Filtertheorie verständliche Grenzfrequenz auf.)

a) Kontinuierliche Delay-line

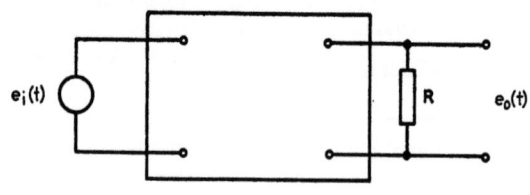

$e_0(t) = e_i(t-\tau)$
τ: Verzögerungszeit

Abb. III.1.4. Vierpoldarstellung einer „Delay-line"

$$e_0(t) = e_i(t-\tau) \quad \text{per def.} \tag{1}$$

τ: totale Verzögerungszeit

Die Laplace-Transformierte wird

$$E_0(s) = \int_0^\infty e^{-st} \cdot e_i(t-\tau\,dt = \int_0^\infty e^{-s(\tau+\lambda)} \cdot e_i(\lambda)\,d\lambda, \qquad (2)$$

$$E_0(s) = e^{-s\tau} \cdot E_i(s). \qquad (3)$$

Die Delay-line hat eine Transferfunktion $e^{-s\tau}$ mit einem numerischen Faktor, der die Abschwächung in Rechnung stellt.

$$(s = (j\omega) \cdot e^{-j\omega\tau})$$

Inputsignal: $e^{j\omega t}$

Outputsignal: $e^{j\omega(t-\tau)}$

Die Phase des Netzwerkes ist eine lineare Funktion der Frequenz.

Die Differentialgleichung lautet für einen gedachten Sektor (dx) (siehe Abb. III.1.3)

$$\left. \begin{array}{l} \dfrac{\partial e}{\partial x} = -L_1 \cdot \dfrac{\partial i}{\partial t} \\[6pt] C_1 \cdot e = -\displaystyle\int \dfrac{\partial i}{\partial t} \cdot dt \end{array} \right\} \quad \begin{array}{l} L_1: \text{Induktivität pro Sektor } dx \\[4pt] C_1: \text{Kapazität pro } dx \end{array} \qquad (4)$$

Aus diesen partiellen Teilgleichungen ergibt sich die „Wellengleichung"

$$\frac{\partial^2 e}{\partial t^2} = \frac{1}{L_1 \cdot C_1} \cdot \frac{\partial^2 e}{\partial x^2}, \qquad (5)$$

$$v = \frac{1}{\sqrt{L_1 \cdot C_1}} \qquad (6)$$

und Verzögerungszeit pro Längeneinheit dx

$$\sqrt{L_1 \cdot C_1}. \qquad (7)$$

Totale Verzögerungszeit:

$$\tau = \frac{L^*}{v} = L^* \cdot \sqrt{L_1 \cdot C_1}. \qquad (8)$$

Die Laplace-Transformation der Differentialgleichung (5)

$$\frac{d^2 E}{dx^2} - \frac{s^2}{v^2} \cdot E = 0, \qquad (9)$$

mit der allgemeinen Lösung

$$E(x,s) = A \cdot e^{x/v \cdot s} + B \cdot e^{-x/v \cdot s}, \qquad (10)$$

L^* bedeutet Länge der Delay-line: um Verwechslungen mit Gesamtinduktivität der Leitung $L = \sum_i L_i$ zu vermeiden.

wobei A und B Funktionen von s sind und die daraus sich ergebende Lösung für $I(x,s)$:

$$I(x,s) = -\sqrt{\frac{C_1}{L_1}} \cdot (A\, e^{x/v \cdot s} - B e^{-x/v \cdot s}), \qquad (11)$$

gestatten die Diskussion der Impedanzverhältnisse bei richtigem Abschluß der Leitung.

Für das Ende $x = L^*$ der Verzögerungsleitung berechnet sich R zu:

$$R = \frac{E(L,s)}{I(L,s)} \frac{(A\, e^{\tau s} - B e^{-\tau s})}{-\sqrt{\dfrac{C_1}{L_1}}(A\, e^{\tau s} + B e^{-\tau s})}, \qquad (12)$$

$$\frac{L^*}{v} = \tau \quad \text{(gesamte Verzögerungszeit)}.$$

Für den Fall des reflexionsfreien Abschlusses der Leitung wird $A = 0$; das heißt $[A \cdot e^{x/v \cdot s}]$ verschwindet. $\left[R = \left(\dfrac{L_1}{C_1}\right)^{1/2}\right]$.

An der Stelle $x = 0$ gilt die Beziehung (bei richtigem Abschluß)

$$E(0,s) = B = E_i(s). \qquad (13)$$

$E_i(s)$: Laplace-Transformierte der Eingangsfunktion

$$E(0,s) = E(L,s) = B e^{-\tau \cdot s} = E_i(s) \cdot e^{-\tau s}, \qquad (14)$$

was mit Gl. 3 übereinstimmt.

Aus der Tatsache, daß die Impedanz zwischen $x = 0$ und $x = L$ an jedem Punkt bei richtig abgeschlossener Leitung

$$\frac{E(x,s)}{I(x,s)} = \frac{B \cdot e^{x/v \cdot s}}{\sqrt{\dfrac{L_1}{C_1}} \cdot B \cdot e^{-x/v \cdot s}} = \sqrt{\frac{L_1}{C_1}} \qquad (15)$$

beträgt, leitet sich die eigentliche Begründung ab, daß ein speziell durchkonstruiertes Koaxialkabel verwendet werden darf.

Die praktische „Delay-line" weicht etwas vom Verhalten der idealen Delay-line ab; das drückt sich in einer beschränkten Impulsanstiegszeit für Rechteckimpulse aus.

Kommerzielle Kabel lassen folgende Werte im Verhältnis der Größen: Anstiegszeit T_A und totalen Verzögerungszeit τ zu:

$$\frac{\tau}{T_A} \sim 10 - 50. \qquad (16)$$

Beispiel: Bei einer totalen Verzögerungszeit von $\tau = 2$ µs dürfte eine Anstiegszeit T_A von $\sim 0{,}1$ µs noch gut realisierbar sein.

Schnelle Koinzidenzverstärker benötigen in der Regel τ-Werte von einigen 10^{-7} s bis 10^{-8} s; Anforderungen, die von jedem Delay-Kabel mit kleinsten Impulsanstiegszeiten gelöst werden.

Delay-Kabel werden am zweckmäßigsten mit Kathodenfolger-Stufen angekoppelt, da die Abschluß-Impedanz in der Regel einige hundert Ohm aufweist.

b) Diskrete Delay-line (Zusammenstellung der Berechnungsformeln nach Anordnung Abb. III.1.3).

Der ideale Abschluß nach Abb. III.1.3 $C/2$ und R_0 in Parallelschaltung beträgt $R_0 = \sqrt{\dfrac{L}{C}}$. Eine Rechnung zeigt, daß bei optimaler gegenseitiger Induktivität von $0{,}12 \cdot L$ die charakteristische Grenzfrequenz

$$\omega_{\text{Grenz.}} = 2{,}3 \cdot \omega_0 \quad \left(\omega_0 = \frac{1}{\sqrt{L \cdot C}}\right)$$

beträgt. Das bedeutet, daß für $\omega < \omega_{\text{Grenz.}}$ kein Amplitudenverlust verbunden ist.

Die Verzögerungszeit berechnet sich zu $\tau_{\text{Total}} = 1{,}1 \, \dfrac{n}{\omega_0}$ (17) wobei bis etwa $0{,}75 \cdot \omega_{\text{Grenz.}}$ τ unabhängig von ω bleibt. Dispersionseffekte treten erst bei höheren Frequenzen merklich auf.

Für die praktische Berechnung sind etwa die Werte $\omega^*_{\text{Grenz.}} =$ größte mögliche Durchlaßfrequenz, bei der die Verzögerungszeit unabhängig der Frequenz ω bleibt; $R_0 = \sqrt{\dfrac{L}{C}}$ und gewählte Verzögerungszeit τ gegeben ($L_{\text{Gegeninduktivität}} = 0{,}12 \, L$).

Aus diesen 3 Größen lassen sich die wichtigsten konstruktiven Werte:

Anzahl der Glieder $\quad n = \dfrac{\omega^* \cdot \tau}{1{,}9},$ (18)

$$L = 1{,}7 \cdot \frac{R_0}{\omega^*} \quad (19)$$

und $\quad C = \dfrac{1{,}7}{R_0 \cdot \omega^*}$ (20)

berechnen.

Für eine treue Abbildung ist nach (17) $\omega^*_{\text{Grenz.}}$ und nicht die eigentliche Filter-Grenzfrequenz $\omega_{\text{Grenz.}}$ entscheidend.

Ein einfaches Beispiel zeigt aber, daß bei einer hohen Anforderung an $\omega^* = 2\pi\nu^*$ die Anzahl der Glieder n für eine mittlere Verzögerungszeit von $\tau = 10^{-5}$ s viel zu groß wird.

Beispiel: $\tau = 10^{-5}$ s; $\quad \nu^* = 10^7 \text{s}^{-1}; \quad \omega^* = 6{,}28 \cdot 10^7 \text{s}^{-1};$
$R_0 = 10^3 \, \Omega.$

Es berechnet sich L, C und n zu

$L = 28 \, \mu\text{H}, \quad C = 28 \, \text{pF} \quad \text{und} \quad \boldsymbol{n = 370 \text{ Glieder.}}$

Mit diesen Forderungen an ω^*_{Grenz} ist die Lösung sehr kompliziert (Reduktion von ω^*_{Grenz} erforderlich).

Zusammenfassend darf die diskrete Delay-line als ein gutes Mittel der Wahl angesprochen werden, wenn es sich um Verzögerungszeiten von $5 \cdot 10^{-6}$ bis $5 \cdot 10^{-7}$ s handelt.

τ-Werte von 10^{-5} s und mehr erheischen bereits einen Kompromiß an die Übertragungstreue, wenn der Aufwand an Anzahl der Glieder in einem vernünftigen Rahmen bleiben soll.

III.1.2. Anwendungen der Koinzidenz-Methode

(Abschätzungen der meßtechnischen Voraussetzungen.)

Zwei Voraussetzungen müssen erfüllt sein, damit ein Koinzidenz-Experiment überhaupt möglich wird: die Anzahl C der Koinzidenzen in vernünftiger Zeit realisierbar, muß groß genug sein, damit der statistische Fehler $\pm \sqrt{C}$ innerhalb der gewünschten Grenzen bleibt.

Zudem muß die totale Zählrate C viel größer sein ($\sim$ 10 mal) als die Anzahl der zufälligen* Koinzidenzen.

Nehmen wir als Beispiel ein Winkelkorrelationsexperiment. Die Anzahl der „wahren" Koinzidenzen berechnet sich zu:

$$C = N \cdot \omega^2 \cdot \varepsilon^2, \tag{1}$$

wobei N der Stärke der Quelle (Zerfälle/s), ω dem Raumwinkel und ε der Ansprechwahrscheinlichkeit des Detektors entsprechen.

Die Anzahl der zufälligen Koinzidenzen bei dem Auflösungsvermögen τ der Apparatur beträgt

$$R = 2 \cdot \tau \cdot N^2 \cdot \omega^2 \cdot \varepsilon^2. \tag{2}$$

Es sei vorausgesetzt, daß $\tau, \omega, \varepsilon$ durch die Zählanordnung gegeben und $C_{\min}$ die für den gewünschten statistischen Fehler minimale Stoßzahl seien, dann wird an die Quellstärke folgende Forderung in Form einer Ungleichung gestellt:

$$\frac{C_{\min}}{\omega^2 \cdot \varepsilon^2} < N \ll \frac{1}{2 \tau}. \tag{3}$$

Beispiel: $\tau = 10^{-7}$ s, $N \ll 0{,}5 \cdot 10^7$ s^{-1}.

Das Beispiel zeigt, daß wegen den zufälligen Koinzidenzen die Quellstärke der Quelle limitiert werden muß. Das bedeutet aber auch eine minimale Meßzeit für $C_{\min}$, die nicht unterschritten werden kann.

Die Koinzidenzmethode ist sehr oft gekoppelt mit spektroskopischen Mitteln wie magnetische β-Spektrometer oder Szintillations-

---

* In einer Koinzidenzanordnung wird man statistisch immer Impulse finden, die zufällig koinzidieren.

spektrometer. Damit lassen sich Zerfallsschemata komplizierter Art abklären.

Weit entwickelt ist auch die Richtungskorrelations-Meßmethode und sogar eigentliche γ-Polarimeter, wie sie von METZGER und DEUTSCH [2] eingeführt worden sind.

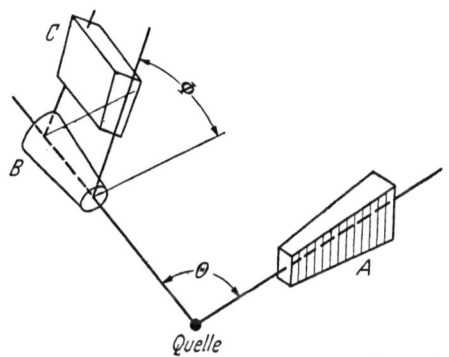

Abb. III.1.5. Schematische Darstellung eines γ-Strahl-Polarimeters. In dieser Anordnung wird die Compton-Streuung als Polarisationsindikator benutzt. Zwei Szintillationsdetektoren A und B erhalten γ-Strahlen von der Quelle S. (Zerfallsschema: 2 γ-Strahlen in Kaskade). Der dritte Detektor C rotiert um Achse B und registriert die durch Compton-Effekt gestreuten Quanten. B und C in Koinzidenz geschaltet, bilden das Polarimeter. Die dreifach Koinzidenz liefert die Korrelation zwischen der Polarisation eines γ-Strahls und dem Emmissionswinkel der dazugehörigen Kaskade

Als weitere Anwendung kann die Ausmessung der absoluten Stärke einer radioaktiven Quelle angeführt werden, wenn das Zerfallsschema einfach und bekannt ist (sehr viele Beispiele).

Die registrierten Einzelstoßzahlen seien S_β resp. S_γ und die Koinzidenzzählrate C. Dann berechnen sich die Einzelstoßzahlen zu:

$$S_\beta = \omega_\beta \cdot \varepsilon_\beta \cdot N, \tag{4}$$

(N: Quellstärke)

$$S_\gamma = \omega_\gamma \cdot \varepsilon_\gamma \cdot N, \tag{5}$$

sowie

$$C = \omega_\beta \varepsilon_\beta \cdot \omega_\gamma \varepsilon_\gamma \cdot N. \tag{6}$$

Die unbekannte Quellstärke N sowie die Größen $\varepsilon_\beta \omega_\beta$ und $\varepsilon_\gamma \cdot \omega_\gamma$ können aus 2 Einzelstoßmessungen (N_γ und N_β), sowie einer C-Messung eruiert werden:

$$N = \frac{S_\beta \cdot S_\gamma}{C}, \tag{7}$$

und

$$\left.\begin{aligned}\omega_\beta \varepsilon_\beta &= \frac{C}{S_\gamma} \\ \omega_\gamma \varepsilon_\gamma &= \frac{C}{S_\beta}\end{aligned}\right\}. \tag{8}$$

Wie die kombinierte Koinzidenzmeßtechnik auch für die Neutronenspektroskopie eingesetzt werden kann, zeigt die Abb. III.1.6. Schnelle Neutronen werden unter 45° auf ein Stilben-Kristall eingeschossen. Im Stilben entstehen die Rückstoßprotonen, die nur dann über die „Torschaltung" spektroskopiert werden, wenn der für langsame Neutronen empfindliche Photomultiplier (PM II) mit in Ag eingehülltem NaJ-Szintillator in Koinzidenz angesprochen hat.

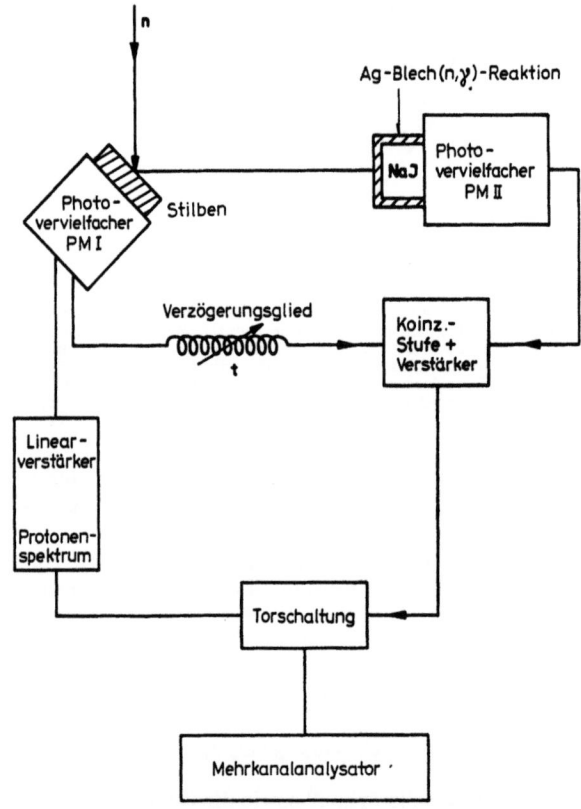

Abb. III.1.6. Neutronen-Spektrometer mit Hilfe der Koinzidenz-Technik

Der Winkel zwischen einfallendem und gestreutem Neutron beträgt beinahe 90°; so daß praktisch alle Energie des primären Neutrons auf das Sekundärproton übertragen wird.

An Einzelheiten interessant ist das zwischen PM I und PM II geschaltete Verzögerungsglied, das die verschiedenen Licht-Abkling-Konstanten der Phosphore Stilben und NaJ inkl. ev. Laufzeiten des Neutrons ausgleichen soll.

Am Ag-Blech entsteht ein (n, γ)-Prozeß; registriert wird die γ-Strahlung.

Schlußendlich soll noch eine Anwendung der Koinzidenztechnik, nämlich die Ausmessung der Lebensdauer von metastabilen Zuständen mit Hilfe verzögerter Koinzidenzen angetönt werden. Man mißt die Koinzidenzrate D_{Koinz} in Abhängigkeit von der Verzögerungszeit T und erhält dann im Prinzip einen exponentiellen Abfall der verzögerten Koinzidenzrate.

Aus dieser Abfallskurve läßt sich dann die Zerfallskonstante des relativ langlebigen metastabilen Zustandes berechnen.

$(D_{\text{Koinz}} = 2 \tau N n_e \cdot \omega_1 \omega_2 \cdot \lambda e^{-\lambda T})$,

τ: Auflösungsvermögen,
N: Quellstärke,
n_e: Anzahl der verzögerten Elektronen resp. γ-Quanten n_γ pro Zerfall,
ω_1, ω_2: Raumwinkel,
λ: Zerfallskonstante,
T: Verzögerungszeit (anwendbar $T \sim 10^{-4} - 10^{-7}$ s).

Halbwertszeiten von $T = 10^{-9} - 10^{-11}$ s werden allerdings mit einer anderen Technik angegangen. Bei gewissen γ-Strahl-Übergängen (hohe Drehimpulszahlen) in Zerfallsschemata beobachtet man Halbwertszeiten von 10^{-9} bis 10^{-11} s (Beispiele: Hg^{198}: $T = (3 \pm 1,5) \cdot 10^{-11}$ s).

Die bereits beobachtbaren Laufzeiteffekte werden in der Detektoranordnung ausgenützt. Aus dem Unterschied zwischen der sog. „Auflösungskurve", die durch Koinzidenzmessungen an radioaktiven Quellen gewonnen wird, bei denen mit Sicherheit das metastabile Niveau eine mit dieser Methode nicht meßbare Lebensdauer im Sinne der üblichen unklaren Lebensdauer (Niveaubreite) besitzt und der „verzögerten Kurve" können derart kleine Halbwertszeiten T mit ordentlicher Genauigkeit ausgemessen werden.

Durch das Vertauschen der Zählgeometrie lassen sich weitere Effekte erzielen.

Die Methode erschöpft sich nach oben durch das beschränkte Auflösungsvermögen der Koinzidenzschaltung, das man heute mit 10^{-9} s ansetzen könnte.

Wenn sich die „prompte Kurve" und die verzögerte Verteilungskurve außerhalb des statistischen Fehlers signifikant unterscheiden, dann liegt die Meßgrenze etwa bei 10^{-11} s.

Eine umfassende Beschreibung der Experimente mit verzögerten Koinzidenzanordnungen im Bereich der kurzlebigen Isomere liegt bei BENEDETTI und McGOWAN [3] vor; einen umfassenden Bericht über die ultraschnelle Technik hat BELL [4] geliefert*.

---
* Ein ganz neues Verfahren der Lebensdauerbestimmung liegt der sog. Fluoreszenzmethode zugrunde. [Siehe F. METZGER, Phys. Rev. 98, 200 (1955)].

Literatur

[1] DE BENEDETTI, S., and H. RICHINGS: Rev. Sci. Instr. **23**, 27 (1952).
[2] METZGER, F., and M. DEUTSCH: Phys. Rev. **78**, 551 (1950).
[3] DE BENEDETTI, S., and F. K. MCGOWAN: Phys. Rev. **74**, 728 (1948).
[4] BELL, R. E., and R. L. GRAHAM: Phys. Rev. **90**, 614 (1953).

IV. Die Aktivierungsmethode als Mittel zur Bestimmung des Neutronenflusses

IV.1. Meßmethode

Zur Bestimmung des thermischen Neutronenflusses und des Verhältnisses thermischer Neutronenfluß/Resonanzfluß * werden an der gewünschten Stelle blanke und in Cd eingehüllte Au-Folien dem Neutronenstrom ausgesetzt und über eine gewisse Zeit aktiviert. Die durch Neutroneneinfang entstandene β^--Aktivität in der dünnen Goldfolie (Au^{198}; 2,7 d, E_{β^-}: 0,97) kann mit einem G. M.-Fenster-Zählrohr in definierter Geometrie gemessen werden. Die Aktivität stellt ein Maß für den Neutronenfluß dar.

Die blanke Folie wird durch die thermischen und die sog. Resonanzneutronen aktiviert; während die in Cadmium eingehüllte Folie nur von den Resonanzneutronen erreicht werden kann, da im Cd die thermischen Neutronen absorbiert werden.

Der thermische Neutronenfluß berechnet sich aus der Differenz der Aktivitäten der blanken und der in Cd eingehüllten Folie. Der Quotient der Aktivitäten der blanken Folie und der mit Cd umhüllten Folie wird in der angelsächsischen Literatur als das „Cd-Ratio" bezeichnet und gibt Auskunft über das Verhältnis vom thermischen Neutronenfluß zum Resonanzfluß.

Die gebräuchlichsten Au-Folien weisen Dicken von 20—40 mg/cm² auf und die umhüllende Cd-Folie sollte über eine Wandstärke > 0,3 mm verfügen, damit mit Sicherheit alle Neutronen, die eine Energie < 0,4 eV besitzen absorbiert werden.

Au^{197} ist ein 100% Isotop. Der Absorptionswirkungsquerschnitt von Au^{197} geht für thermische Energien proportional mit $1/v$ ($1/v$-Absorber**).

---

* Nach der sog. $1/v$-Region (thermische Neutronen) kommt in Übereinstimmung mit der Breit-Wigner-Formel die sog. Resonanz-Region, die alle Neutronen mit Energien zwischen 1 eV und 1 MeV umfassen. Im Reaktor sind dies entweder Neutronen, die am Moderationsprozeß beteiligt sind, oder unmoderierte Spaltungsneutronen, deren Energie im angegebenen Intervall liegt.

** Selbstverständlich gibt es noch andere $1/v$-Absorber (B^{10} u. a. mehr), die aber in bezug auf Handhabung der gebräuchlichsten Au-Folie unterlegen sind.

Für Resonanzneutronen besitzt der Absorptionswirkungsquerschnitt eine starke Resonanz bei 4,9 eV (σ_{max}: 15 · 10³ b).

Der Verlauf des Einfangquerschnittes σ der Reaktion Cd¹¹³ (n, γ) Cd¹¹⁴. in Abhängigkeit von der Neutronenenergie läßt sich sehr genau bei bekannten Niveaubreiten nach der *Breit-Wigner-Formel* berechnen:

$$\sigma = k^* \cdot \frac{\lambda^2}{4\,\Gamma} \cdot \frac{T_n \cdot T_\gamma}{(E - E_R)^2 + \frac{1}{4}\,\Gamma^2},$$

wobei

$$k^* = \frac{2J + 1}{(2s + 1)(2I + 1)} \sim \frac{1}{2}$$

J: Kanalspin
s: Neutronenspin = $\frac{1}{2}$
I: Spin des Targetkernes

der statistische Faktor,

$$\lambda = \frac{2{,}86 \cdot 10^{-9}}{\sqrt{E}} \text{ (cm) die Wellenlänge}$$

und Γ_n, Γ_γ und Γ die Teil- und Totalbreiten des betreffenden Resonanzniveaus bedeuten.

[Beispiel: $E_R = 0{,}178$ eV; $\Gamma_\gamma = 0{,}113$ eV, $\Gamma_n = 0{,}8$ eV, $\Gamma \cong \Gamma_\gamma$].

In der Umgebung der isolierten Resonanz $E_R = 0{,}178$ eV genügt die Breit-Wigner-Einniveau-Formel für die Berechnung des Einfangwirkungsquerschnittes.

$$\left(\sigma \max \cong k^* \cdot \frac{\lambda^2}{4\pi} \cdot \frac{\Gamma_n \cdot \Gamma_\gamma}{\frac{1}{4}\,\Gamma_\gamma^2} = k^* \cdot \frac{\lambda_R^2}{\pi} \cdot \frac{\Gamma_n}{\Gamma_\gamma}\right).$$

Wird eine Folie mit Neutronen, die eine Geschwindigkeits- und Raumwinkelverteilung $n(v\Omega)$ besitzen, bestrahlt, dann beträgt die Anzahl der aktivierten Atome pro Zeiteinheit

$$\frac{dN}{dt} = \int_\Omega \int_v n(v\,\Omega) \cdot v \cdot \sigma_{\text{akt.}}(v) \cdot N_T \cdot dv\,d\Omega. \quad (1)$$

$n(v\Omega)dv\,d\Omega$: Anzahl Neutronen pro cm³, deren Geschwindigkeit zwischen v und $v + dv$ liegt und deren Geschwindigkeitsvektor in $d\Omega$ liegt.
$\sigma_{\text{akt.}}(v)$: Aktivierungsquerschnitt
N_T: Totale Anzahl Targetatome, die aktivierbar sind.

Die Aktivität bei einer Bestrahlungsdauer T nach der Zeit t nach Ende Bestrahlung beträgt für ein Material der Zerfallskonstante λ

$$A = (1 - e^{-\lambda T}) \cdot e^{-\lambda t} \int_\Omega \int_v n(v\,\Omega) \cdot v \cdot \sigma_{\text{akt.}} \cdot (v) \cdot N_T \cdot d\Omega\,dv. \quad (2)$$

144 Die Aktivierungsmethode als Mittel zur Bestimmung des Neutronenflusses

Falls $\lambda T \ll 1$ und $\lambda t \ll 1$ kann die Exponentialfunktion in Gl. (2) entwickelt werden.

$$A = \lambda T (1 - \lambda t) \int_{\Omega} \int_{v} n(v\Omega) \cdot v \cdot \sigma_{\text{akt.}}(v) \cdot N_T \cdot dv\, d\Omega. \tag{3}$$

Handelt es sich um einen $1/v$-Absorber wie beispielsweise Au^{197}(2,7 d), I^{127}(25 m), In^{115}(54 m) und Mn^{55}(2,6 h), dann vereinfacht sich Gl. (3) zu

$$A = \lambda T (1 - \lambda t) \cdot N_T \cdot k \cdot n \tag{4}$$

mit $\sigma_{\text{akt.}} = \dfrac{k}{v}$ und $n = \int_{v} \int_{\Omega} n(v\Omega)\, dv\, d\Omega$ (Neutronendichte).

Die Aktivität A ist gemäß Gl. 4 für einen $1/v$-Absorber für jede Geschwindigkeits- und Raumwinkelverteilung proportional der Neutronendichte n.

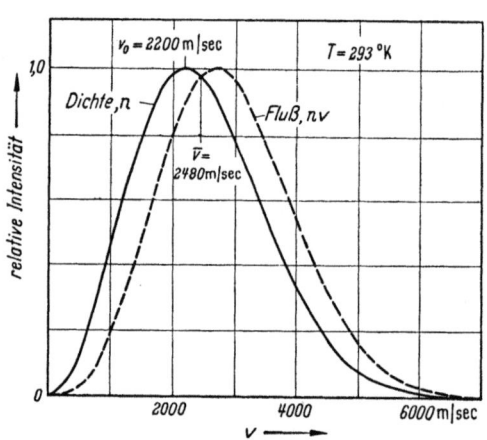

Abb. IV.1.1. Maxwell-Verteilung der Neutronendichte und des Neutronenflusses von thermischen Neutronen

Wird mit einer Maxwellverteilung* aktiviert, dann wird aus Gl. 4, wenn der thermische Neutronenfluß $n\,v_0$ eingeführt wird:

$$A = \lambda T (1 - \lambda t) N_T \cdot \sigma_{\text{akt.}}(v_0)\, n \cdot v_0$$

$$n \cdot v_0 = \Phi_{\text{th}}. \tag{5}$$

Nach der genauen Flußdefinition als $\int n(v)\, v \cdot dv$ wäre für eine Maxwellverteilung der Fluß $\overline{nv}$ einzusetzen, doch wird in der

---

* $d(n\,v) = \dfrac{4\,n}{v_0^3 \sqrt{\pi}} \cdot v^3 \cdot e^{-v^2/v_0^2} \cdot dv$

v_0: wahrscheinlichste Geschwindigkeit (an der Stelle, wo $n(v)$ [Dichte] maximal wird).

Konvention $\bar{v}$ durch die häufigst anzutreffende Neutronengeschwindigkeit v_0 ($v_0 = 2200$ m/s) ersetzt.

Die Aktivierung mit einem „slowing-down"*-Spektrum

$$\frac{dn}{dE} \cdot v = \Phi_{\text{Res}} \cdot \frac{1}{E} \tag{6}$$

wobei

$$\Phi_{\text{Res}} = \frac{q(E)}{\xi \cdot N \cdot \sigma_s} \tag{7}$$

bedeutet,

$q(E)$: Anzahl der Neutronenstöße pro s im Energieintervall $E, E + \Delta E$.

$\xi \cdot N \cdot \sigma_s$: Bremsvermögen = mittlerer logarithmischer Energieverlust eines Neutrons pro Längeneinheit.

N: Anzahl Moderatoratome/cm³

σ_s: Streuquerschnitt

und $q(E)$ und σ_s als konstant vorausgesetzt wurden (Näherung bis zu hohen Energien ziemlich gut erfüllt) führt zu folgender Darstellung für A (Gl. 8):

$$A = \lambda T (1 - \lambda t) \cdot N_T \cdot \Phi_{\text{Res}} \cdot \int_{0,4\text{eV}}^{\infty} \sigma_{\text{akt.}} \cdot \frac{dE}{E}. \tag{8}$$

In der Literatur wird das „Cd-Ratio" oft auf einen $1/v$-Detektor umgerechnet.

$$R_{\text{Cd}} - 1 = \frac{\Phi_{\text{th}}}{\Phi_{\text{Res}}} \cdot \frac{\sigma_{\text{akt.}}(v_0)}{\int_{0,4\text{ eV}}^{\infty} \sigma_a \cdot \frac{dE}{E}}. \tag{9}$$

$R_{\text{Cd}} - 1$ geht proportional zu dem Quotienten thermischer Neutronenfluß/Resonanzfluß pro logarithmisches Intervall.

Für einen $1/v$-Detektor wird der Proportionalitätsfaktor

$$\frac{\sigma_{\text{akt.}}(v_0)}{\int_{0,4}^{} \sigma_a \cdot \frac{dE}{E}} = \mathbf{2{,}0}. \tag{10}$$

Für Gold $\sigma_{\text{akt.}}(v_0) = 956 \cdot \int_{0,4\text{ eV}}^{} \sigma_a \cdot \frac{dE}{E} = 1480$ barn $\tag{11}$

$$\frac{\sigma_{\text{akt.}}(v_0)}{\int_{0,4\text{ eV}}^{} \sigma_a \cdot \frac{dE}{E}} = \mathbf{0{,}064}. \tag{12}$$

---

* Slowing-down-Spektrum, Fachausdruck für Neutronen-Geschwindigkeitsverteilung in einer Moderatorsubstanz.

IV.2. Durchführung der Aktivitätsmessung

Die Aktivität der dünnen Goldfolien wird in einer sog. Stirnzählrohranordnung gemessen, wobei die Zählgeometrie: Abstand Folie—Eintrittsfenster G. M.-Rohr derart gewählt wird, daß keine großen Zählverluste hervorgerufen durch eine zu hohe Stoßzahl entstehen.

Bei jeder Messung ist zu beachten, daß auch bei Goldfolien mit Dicken von 10—40 mgr/cm² die Rückstreuung und evtl. β-Absorptionsverluste berücksichtigt werden müssen.

Nur bei der Quotientenbildung bei gleicher geometrischer Anordnung fallen diese Störfaktoren außer Betracht.

Bei Absolutmessungen muß auch der Raumwinkel der Zählanordnung bekannt sein, für dessen Berechnung die radiale Empfindlichkeitskurve des Stirnzählwerkes benötigt wird (große Unsicherheit).

Es ist daher naheliegend, mit Hilfe einer Neutronen-Standard-Quelle* eine Eichung vorzunehmen, nach der beispielsweise 1 registrierter Impuls pro Minute Sättigungsaktivität einem thermischen Neutronenfluß von x-Neutronen/cm² · s entspricht.

Das sog. „Cadmium-Verhältnis", definiert durch den Quotienten Aktivität einer blanken Folie zu der Aktivität einer in Cd eingehüllten Folie ist frei von den besprochenen Korrekturen.

Möchte man noch die Leistung des Reaktors L (in Watt), die Gewichtskorrekturen g der verwendeten Folien, die Raumwinkelkorrekturen K und den Eichkoeffizient E (wie oben beschrieben) berücksichtigen, dann erhält man die numerisch auswertbare Formel:

$$\Phi_{\text{th}} \text{ (bei 1 MW)} = \left(\frac{1 + \lambda t_1}{\lambda T_1} \cdot N_1 \cdot g_1 \cdot K_1 \frac{10^6}{L_1} \right.$$

$$\left. - \frac{1 + \lambda t_2}{\lambda T_2} \cdot N_2 \cdot g_2 \cdot K_2 \cdot \frac{10^6}{L_2} \right) \cdot E \quad (13)$$

und

$$R_{\text{Cd}} - 1 = \frac{\dfrac{1 + \lambda t_1}{\lambda T_1} \cdot N_1 \cdot g_1 \cdot K_1 \cdot \dfrac{10^6}{L_1}}{\dfrac{1 + \lambda t_2}{\lambda T_2} \cdot N_2 \cdot g_2 \cdot K_2 \cdot \dfrac{10^6}{L_2}}. \quad (14)$$

Index 1: blanke Folie
Index 2: Folie umhüllt mit Cd
t: Zeit Ende Bestrahlung — Anfang Messung + 1/2 Meßdauer
T: Bestrahlung

---

* Bekannte Eichquellen in Europa: Ra-α-Be-Quelle (101,97 mg Ra) des Phys. Institutes in Basel; oder Ra-α-Be-Quelle (51,2 mg) des Phys. Institutes Freiburg (daselbst auch geeichte Photoneutronenquelle).

λ: Zerfallskonstante
N: Gemessene Stoß-Zahl

Die Fehlerrechnung umfaßt die Meßfehler $\left(\frac{\partial g}{g}, \frac{\partial N}{N}, \frac{\partial T}{T} \cdots\right)$ und den eigentlichen Eichfehler $\left(\frac{\partial \text{ Eichwert}}{\text{Eichwert}}\right)$.

Eine einfache Abschätzung zeigt, daß der Gesamtfehler für die Flußmessung und für das Cd-Verhältnis kaum unter 10% zu bringen ist.

IV.3. Aktivierungsquerschnitt bei thermischen Neutronen. Herstellung von radioaktiven Quellen im thermischen Fluß

Die Kenntnis der Aktivierungsquerschnitte von einigen hundert Isotopen in bezug auf thermische Neutronen vereinfacht die Berechnung der Sättigungsaktivitäten.

$$I_0 = n \cdot v \cdot \sigma_{\text{akt.}} \cdot N. \tag{15}$$

N: Anzahl der aktivierbaren Kerne.

Die Sättigungsaktivität I_0 geht proportional mit dem Fluß. Die Herstellung einer radioaktiven Quelle mit einer hohen spezifischen Aktivität läßt sich nur in einem hohen thermischen Neutronenfluß bewerkstelligen (N prop.).

$$I = I_0(1 - e^{-\lambda T}). \tag{16}$$

T: Bestrahlungsdauer

Die Begründung für die Benutzung des 2200 m/s-Querschnittes ($\sigma_{\text{akt.}}$) wird aus der Tatsache abgeleitet, daß die Flußmessung immer mit einer Methode vorgenommen wird, die eigentlich die Neutronendichte n unabhängig von v mißt, weil der $1/v$-Detektor proportional n [und nicht $n \cdot v$] registriert ($I_0 = n \cdot v \cdot 1/v \cdot K \cdot N = n \cdot K \cdot N$).

Für nicht $1/v$-Substanzen müssen Korrekturfaktoren angegeben werden von der Form

$$f(x) = \frac{\int n(v) \, v \, \sigma_x \, dv}{\int n(v) \, v \, \frac{K_x}{v} \, dv}. \tag{17}$$

$f(x)$ stellt den Korrekturfaktor für ein Material x dar, dessen Wirkungsquerschnitt bei $v_0 = 2200$ m/s den Wert $K_x/2200$ annimmt.

Beispiel: Berechnung der Neutroneneinfänge/s in einem g Cd^{113}.

Gegeben: Fluß $nv = 5 \cdot 10^{12}$ Neutronen/cm$^2 \cdot$s

$\sigma = 19{,}5 \cdot 10^3$ b bei 2200 m/s.

Wegen der Resonanz in der Nähe der thermischen Energie:

$\sigma_{\text{akt.}} = 1{,}3 \cdot 19{,}5 \cdot 10^3 = 25{,}3 \cdot 10^3$ b und $N = \dfrac{6 \cdot 10^{23}}{113}$

$I_0 = nv \cdot \sigma_{\text{akt.}} \cdot N$

$$I_0 = 6{,}7 \cdot 10^{14} \; Einf./s \, .$$

Für die Berechnung der spezifischen Aktivität (Anzahl der Zerfälle pro s und pro g) hat sich folgende praktische Darstellung bewährt:

$$I = \frac{n \cdot v \, \sigma_{\text{akt.}} \cdot m \cdot 0{,}6}{A} \, . \tag{18}$$

$\sigma_{\text{akt.}}$: in barn $\qquad A$: Atomgewicht
m: in g

Beispiel: P^{32} soll durch (n, γ)-Prozesse in einem Fluß von $nv = 10^{12}$ Neutronen/s cm² hergestellt werden.

Wie stark wird die Quelle, wenn 1 g Substanz vorhanden ist?

$\sigma_{\text{akt.}} = 0{,}31$ b

$$I = \frac{10^{12} \cdot 0{,}31 \cdot 0{,}6}{31} = 6 \cdot 10^9 \; Zerfälle/g \cdot s$$

entsprechend: **0,16 c/g.**

Um verschiedene Aktivierungsproben bequem vergleichen zu können, ist es notwendig, die sog. „Ausbeute", d.h. die Aktivität bezogen auf unendliche Bestrahlungsdauer und auf den Zeitpunkt $t = 0$ (Ende Bestrahlung), zu berechnen.

A_T: Ausbeute für Bestrahlungszeit T (für $t = 0$),
A_∞: Ausbeute nach ∞ langer Bestrahlungszeit: Sättigung für $t = 0$,
λ: Zerfallskonstante des radioaktiven Isotops.

$$A_T = A_\infty (1 - e^{-\lambda T}) \, . \tag{19}$$

$$A_T = \lambda \cdot N_0 = \frac{\lambda \cdot \int\limits_{t_1}^{t_2} \dfrac{dN}{dt} \cdot dt}{e^{-\lambda t_1} - e^{-\lambda t_2}} \, , \tag{20}$$

t_1: Zeit Bestrahlungsende bis Meßbeginn,
t_2: Zeit Bestrahlungsende bis Ende der Aktivitätsmessung.

Das Integral $\int\limits_{t_1}^{t_2} \dfrac{dN}{dt} \cdot dt$ stellt anschaulich die Summe aller registrierten Zerfälle innerhalb der Aktivitätsmeßzeit dar [Stoßzahl im Zeitintervall $(t_2 - t_1)$]. Schlußendlich berechnet sich aus (19) und (20) die Sättigungsausbeute zu

$$A_\infty = \frac{\lambda \cdot \int\limits_{t_1}^{t_2} \dfrac{dN}{dt} \cdot dt}{e^{-\lambda t_1} - e^{-\lambda t_2}} \cdot \frac{1}{(1 - e^{-\lambda T})} \, . \tag{21}$$

Gl. 21 beansprucht ein sehr großes praktisches Interesse. Bei allen kernphysikalischen Messungen, die auf der sog. Aktivierungsmethode beruhen, werden die Resultate nach Gl. 21 verglichen.

Bei verschiedenen Kernreaktionen verhalten sich die Werte für die Ausbeuten wie die integrierten totalen Wirkungsquerschnitte.

Ein unbekannter Wirkungsquerschnitt kann durch ein Aktivierungsexperiment gemessen werden, wenn der Wirkungsquerschnitt der Neutronenreaktion bekannt ist.

Für die Ausmessung schneller Neutronenfelder hat sich die sog. „Schwellenmeßmethode" bewährt. Von einigen (n, p)- und $(n, 2n)$-Reaktionen kennt man den Schwellenwert sehr genau. Die aus dieser Kernreaktion resultierende Restaktivität wird mit Hilfe einer geeigneten Zählanordnung (G. M.-Rohr) gemessen und die Ausbeuten A_∞ für $t = 0$ berechnet, die wiederum ein Maß für den integralen Neutronenfluß oberhalb der Schwellenenergie bilden.

Tabelle IV.3.1 soll die gebräuchlichsten Reaktionen wiedergeben, wobei für die Aktivitätsmessung die Halbwertszeiten — sowie die Kenntnisse über das Zerfallsschema eine große Rolle spielen.

Tabelle IV.3.1. *Schwellen-Reaktionen für schnelle Neutronen*

Reaktion	Halbwertszeit des Restkerns	Schwellenenergie in MeV
$C^{12}(n, 2n)C^{11}$	20,4 min	22
$O^{16}(n, p)N^{16}$	7,3 s	12
$Al^{27}(n, p)Mg^{27}$	10 min	3
$P^{31}(n, p)Si^{31}$	2,7 h	2
$S^{32}(n, p)P^{32}$	14 d	2
$Cl^{35}(n, \alpha)P^{32}$	14 d	3
$Ni^{58}(n, 2n)Ni^{57}$	36 h	13
$Cu^{63}(n, 2n)Cu^{62}$	10 min	12
$Mo^{92}(n, 2n)Mo^{91}$	15,5 min	14
$I^{127}(n, 2n)I^{126}$	13 d	11
$Tl^{203}(n, 2n)Tl^{202}$	300 h	12

V. Strahlungsquellen der Kernphysik

V.1. Einleitung und Übersicht

Die Strahlungsquellen der Kernphysik könnten nach verschiedenen Gesichtspunkten geordnet und zusammengestellt werden. Auf jeden Fall würde jede Systematik den Raum dieser Zusammenfassung sprengen und dem Hauptthema: Experimentelle Kernphysik wenig gerecht werden. Es bleibt daher eine selektive Auswahl übrig, in der allerdings die wichtigsten experimentellen Aspekte und Prinzipien enthalten sind.

Eine einfache Übersicht kann geschaffen werden, wenn eine Einteilung nach den Erzeugnismöglichkeiten verschiedener Strahlungen vorgenommen wird:

a) γ-Strahlungsquellen.

1. monochromatische γ-Strahlung durch Einfangs-Kernreaktionen (Maschinen: Kaskadengenerator, Van de Graaff-Generator, teilweise klassisches Zyklotron).

2. Kontinuierliches γ-Spektrum, erzeugt durch das Bremsstrahlungsspektrum im Betatron, Elektron-Synchrotron oder Linearbeschleuniger.

b) Neutronenquellen

1. Neutronenquellen mit natürlichen radioaktiven Elementen (Beispiel: Ra-Be-Quelle).

2. Photoneutronenquelle.

3. Neutronen aus Kernreaktionen wie $H^3(p,n)He^3$; $Li^7(p,n)Be^7$; $H^2(d,n)He^3$ und $H^3(d,n)He^4$.

4. Neutronen aus Spaltprozessen.

5. „Langsame" Neutronenquellen (Moderatoranordnungen in Reaktoren).

c) Radioaktive Isotope als Strahlungsquellen (β- und γ-Strahlen), hergestellt in

1. Reaktoren.

2. Kreisbeschleunigern wie Zyklotron, Synchrotron u. a. mehr.

d) Quelle von Elementarteilchen und Mesonen. In der Target von Hochenergiebeschleunigern wie Proton-Synchrotrons können Teilchenströme von Elementarteilchen und Mesonen im Sinne der Hochenergiephysik erzeugt werden.

Die Ausführungen sollen die Abschnitte a 1) und a 2) sowie b 3) umfassen. Ein Anhang gibt Aufschluß über die eigentlichen Prinzipien der Kreisbeschleuniger.

Die Neutronenquellen und besonders auch die Radioisotopen als Strahlungsquellen beanspruchen allerdings ein aktuelles Interesse. Über die Möglichkeit der Herstellung von radioaktiven Quellen im thermischen Fluß wird in Abschnitt IV „Die Aktivierungsmethode als Mittel zur Bestimmung des Neutronenflusses" berichtet.

Über die Anwendung von radioaktiven Isotopen als Strahlungsquellen und ihre Dosisleistung befaßt sich Abschnitt I: Einheiten der radioaktiven Strahlungsmessung und Dosimetrie mit experimentellen Daten für die Lösung von Abschirmproblemen.

Der Reaktor als Strahlungsquelle wird aus den Betrachtungen herausgenommen, da sich hier ein in sich geschlossenes Gebiet präsentiert, das mit Reaktorphysik umschrieben werden kann. Darüber existieren vortreffliche Lehrbücher*, auf die verwiesen werden darf.

Die Hochenergiephysik und ihre experimentellen Methoden soll und kann nicht Gegenstand der Betrachtungen sein. Die Gründe dafür sind in der Einleitung klargelegt. Obschon dieser Teil der Physik das aktuelle Interesse beansprucht und in bezug auf Kosten und Aufwand an der Spitze steht, kann das Ausüben nur auf wenige Zentren, die teils internationalisiert sind, beschränkt bleiben. Die Mehrzahl der experimentell tätigen Physiker an Hochschulen und besonders in der industriellen Praxis wird sich mit den Dingen auseinandersetzen müssen, deren Beschreibung und Anwendung den Inhalt dieses Buches ausmachen. Vom Standpunkte der Aktualität und des physikalischen Fortschrittes kann diese aus rationalen Gründen auferlegte Beschränkung nur bedauert werden. Einen kleinen Ausblick bietet immerhin die Besprechung der Blasenkammer und des Synchrotron-Prinzips.

V.2. Erzeugung von Teilchen- und Gammastrahlen mit Hilfe von Kernreaktionen

V.2.1. Einfangs-Resonanz-Reaktionen als Teilchen- und Strahlen-Quellen

Es existieren eine Unzahl von Kernreaktionen, die mit guten Wirkungsquerschnitten für die Erzeugung bestimmter Teilchen oder Teilchengruppen verschiedenster Energien herangezogen werden können. Der Mechanismus der Anregung und der Teilchenerzeugung hängt weitgehend von der Einfallsenergie ab.

Aus der großen Menge von Möglichkeiten sollen hier allein die „niederenergetischen Resonanz-Einfangsreaktionen" bei leichten Kernen an einigen praktisch wichtigen Beispielen, die als γ- oder Neutronenquellen in Frage kommen, diskutiert werden.

Bei den leichten Kernen darf man in weitestem Sinne von einer Struktur sprechen, die bis zu hohen Anregungsenergien durchaus in Form von identifizierbaren Niveaus erhalten bleibt. Jedes isolierte Energieniveau ist charakterisiert durch seine Energie (besser gesagt E_{Resonanz} = Resonanzenergie), Niveaubreite Γ, gesamtes Dreh-

---

* Beispiel eines Standard-Werkes: GLASSTONE, S.: Principles of Nuclear Reactor Engeneering. New York: D. van Nostrand 1955; oder SCHULTEN, G.: Reaktorphysik I und II, B-I-Hochschultaschenbücher. Mannheim: Bibliographisches Institut.

moment J, Parität und Isotopen (resp. Isobaren)-Spin oder dessen Z-Komponente $T_Z = 1/2\,(N-Z)$*

$N:$
$P:$ } Anzahl Nukleonen (Protonen, Neutronen)

Tabelle V.2.1. *Neutronen aus Einfangsreaktionen*

Reaktion	Q-Wert MeV	max. Neutronenenergie für $E_{\text{Deuteron}} \simeq 0$ MeV	Bemerkungen zum Spektrum		
			E_R	σ	☆-Verteilungen
$H^2(d,n)He^3$	3,265	2,45	d-d-Neutronen genannt $N(\Theta) = A_0 P_0(\Theta) + A_2 P_2(\Theta) + \cdots$ $P_n(\Theta)$: Legendre Polynom Bei festem ☆ und Deuteronenenergie: monochrom. Neutronen		
$H^3(d,n)He^4$	17,6	14,1	107 KeV (br. Niveau)	5 b	isotrope Vert.
$Li^7(d,n)Be^8$	15,0	13,3	mehrere Resonanzen etwa $E_D = 1,34$ u. 2,18 MeV		Spektrum komplex; über Be^8-Grundzustand; 3 MeV und höhere Niveaus
$Be^9(d,n)B^{10}$	3,79	3,44	mehrere Resonanzen etwa $E_D = 0,92$ u. 0,99 MeV		Spektrum komplex, viele Niveaus im B^{10}-Kern (siehe 1)

AJZENBERG und LAURITSEN [1] haben in jahrzehntelanger Arbeit die Systematik der Energieniveaus der leichten Kerne begründet und in der Rev. of Modern Physics als periodisch wiederkehrenden Bericht publiziert.

Eine besondere praktische experimentelle Bedeutung haben die Einfangs-Reaktionen erlangt, die Anlaß zur Emission von Neutronen und γ-Quanten bestimmter Energie geben.

Tabelle V.2.1 enthält eine Auswahl von Neutronen-Reaktionen, die in bezug auf Energie, Ergiebigkeit (Ausbeute) und Winkelverteilung bestens bekannt sind. (Siehe Zusammenfassungen 1.)

Die Diskussion der Tabelle zeigt eindeutig, daß allein die $H^2(d,n)$ He^3- und $H^3(d,n)He^4$-Reaktion auf übersichtliche einfache monochromatische Neutronenspektren führen kann. Aus der experimentellen Sicht stellt sich im ersten Fall das Problem der Deuterium-Target, die in der Regel in der Form der „Schwereis-Target" gelöst wird (D_2O bei Temperatur flüssiger Luft).

Tritium wiederum kann in vielen Fällen in geeignete Metalle okkludiert werden (Beispiel: Zr). In diesem Falle ist die Ergiebigkeit

---
* Parität π, Drehmoment J und isotoper Spin T sind Auswahlregeln unterworfen, die die Vielfalt der möglichen Übergänge beschränken und zumindestens ihre Intensitäten beeinflussen (Beispiele folgen).

der Kernreaktion von der Targetseite her beschränkt*. Bei der H³(d, n)He⁴-Reaktion wird man den ausgeprägten Resonanzeinfang bei ~ 107 KeV Deuteronenenergie ausnützen und demzufolge bei „dicker" Target mit der Beschleunigungsspannung nicht über 150 KeV gehen.

Die beiden anderen Möglichkeiten des Deuteroneneinfanges an Li⁷ und Be⁹ beanspruchen wegen des daraus resultierenden sehr komplexen Neutronenspektrums ein geringeres Interesse. Immerhin reduziert sich besonders bei der Be⁹(d, n)B¹⁰ Reaktion das Targetproblem in bezug auf Strombelastung. (Eine generelle Diskussion der Ausbeute an der Target folgt im nächsten Abschnitt.)

Bei höheren Deuteronen-Energien sind auch (d, n)-Reaktionen an mittleren und schwereren Kernen ergiebig. Neben der Compound-Kern-Anregung spielen dann auch „stripping"-Prozesse eine Rolle. Dieses meist kontinuierliche Neutronenspektrum wird oft bei Zyklotrons zur Erzeugung spezieller Radioisotopen benutzt. In den meisten Fällen aber äußert sich dieses Neutronenspektrum als sehr unerwünschte Nebenerscheinung irgend eines kernphysikalischen Experimentes. (d, n- und p, n-Prozesse sind die auslösenden Faktoren für umfassende Abschirmmaßnahmen von Linear- und Kreisbeschleunigern mittlerer und hoher Energien.)

Besonders übersichtlich und instruktiv wirken die gebräuchlichsten Einfangsreaktionen zur Erzeugung von monochromatischen Gammastrahlen.

Tabelle V.2.2. *Protonen-Einfangsreaktionen, die Anlaß zur monochromatischen γ-Strahlung geben*

Reaktion	$E_{Resonanz}$ (KeV)	E_γ MeV	Ausbeute γ-Zerfälle/Proton	$\sigma_{Resonanz}$ cm²
Li⁷(p, γ)	441	17,6 14,8	5,6 · 10⁻⁹	5,7 · 10⁻²⁷
Be⁹(p, γ)	988 1077	6,7 7,4	1,05 · 10⁻⁹ 1,82 · 10⁻⁸	5,8⎫ 4,4⎭ · 10⁻²⁸
F¹⁹(p, α', γ)	338 ≦ 960	6,1 7,1	1,67 · 10⁻⁸ 6,8 · 10⁻⁷	6,5 · 10⁻²⁶

Während bei den ersten beiden Reaktionen der γ-Strahlung aus dem Zerfall des angeregten Niveaus über alle möglichen Kanäle**

---

* Im Falle der d-d-Neutronen kann eine rotierende Eistarget erheblich mehr belastet werden. (Grenzwerte: i_D ~ 100 − 300 μA bei E_D = 600 KeV.)

** Energie $E\gamma = (M_0 + M_1 − M) c^2 + \dfrac{M_0}{M_0 + M_1} \cdot E_1$.

M_0: Targetkernmasse; M_1, E_1: Protonen-Masse resp. Energie; M: Compound-Kern-Masse. Beispiel: Li-γ-Strahlung: $h\nu = 17{,}2 + 7/8 \cdot E_p$.

erfolgt, liegt bei der Fluor-γ-Strahlung ein Sonderfall, nämlich die Erzeugung von γ-Strahlung aus dem Restkern, vor.

Da die Wirkungsquerschnitte für die Teilchenemission (1. Phase) bedeutend größer sind als die der direkten Strahlungsemission, ist eine höhere Ausbeute zu erwarten.

Noch in einer anderen Hinsicht verdient die Produktion von γ-Strahlung aus dem Restkern Beachtung. Die Quantenenergie ändert sich mit der einfallenden Protonenenergie nicht. Es besteht daher die Möglichkeit, unabhängig von der Qualität der Stabilisierung des verwendeten Beschleunigers wirklich monochromatische γ-Strahlen herzustellen, die allein durch die Daten der Strahlungsübergänge innerhalb des angeregten O^{16}-Kernes gegeben sind.

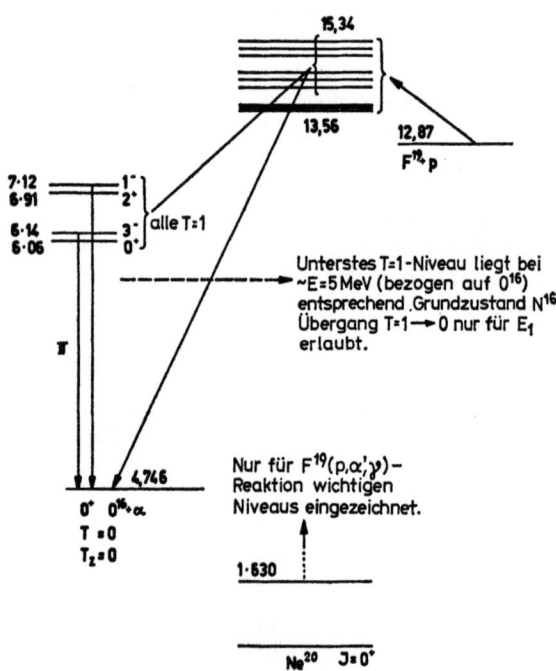

Abb. V.1.1. Darstellung der F^{19}; $(p\,\alpha, \gamma)$-Reaktion. 0-0-Übergang (6,06 MeV $\rightarrow$ Grundzustand) nach Auswahlregeln für γ-Strahlen verboten. Beobachtbare innere Paarerzeugung als Kompensationsreaktion

Die Leser, die über ausreichende Kenntnisse über Auswahlregeln bei γ-Übergängen verfügen, werden mit Erstaunen aus der Literatur entnehmen, daß beispielsweise der Übergang $6{,}91 \rightarrow 0(E_2)$ rund 200 mal wahrscheinlicher ist als der an und für sich favorisierte E_1-Übergang vom 6,91 ins 6,14 MeV-Niveau. Der Grund liegt in den

Auswahlregeln des isotopen Spins für E_1-Übergänge ($\Delta T = \pm 1$)*.
Ähnliche Überlegungen lassen sich auch mit dem 7,12 → 0-Übergang anstellen und experimentell** bestätigen.

Die „experimentellen Methoden" als einschränkendes Betrachtungsgebiet beziehen sich in dieser Zusammenfassung nur auf praktische Fragen, die etwa im Abschnitt V.2.2 folgendermaßen formuliert werden können: Wie erhöht sich die Ausbeute einer Einfangs-Kernreaktion in Abhängigkeit von der Targetdicke und wie lauten die optimalen Bedingungen?

V.2.2. Ausbeute einer Resonanzeinfangs-Kernreaktion und Ausbildung der Target***

Folgende experimentell wichtigen Fragen sollen vorerst beantwortet werden: Abhängigkeit der Ausbeute (Anzahl emittierter Teilchen oder Quanten einer speziellen Gattung pro einfallendes Teilchen) von der Ausbildung der Target; Rückwirkung der Targetdicke auf das Energiespektrum geladener Emissions-Teilchen; Maßnahmen zur Optimalisierung eines Target-Systems in bezug auf verschiedene Parameter, darunter auch die Fragen der Wärmeableitung, Herstellbarkeit und Lebensdauer.

Die Berechnung der Ausbeute Y einer Kernreaktion stützt sich im wesentlichen auf die Integration der Breit-Wigner-Formel über das Energieintervall, das als Targetverlust (Bremsung der geladenen primären Teilchen) gekennzeichnet ist:

$$Y = \int_{E-\xi}^{E} \sigma/\varepsilon \cdot dE \tag{1}$$

ε: Bremsquerschnitt für das einfallende Teilchen, bezogen auf die zerfallbaren Kerne in der Target.

ξ: Energieverlust in der Target.

Für isolierte Resonanzen kann die Breit-Wigner-Formel in der üblichen Form

$$\sigma = \sigma_{\text{Res}} \frac{\Gamma^2/4}{(E - E_R)^2 + \Gamma/4} \tag{2}$$

---

* Nach ADAIR und RADICATI gilt als Spezialfall bei den leichten Kernen $T_Z = \dfrac{(N-P)}{2} = 0$ nur für E_1-Übergänge $\Delta T = \pm 1$ (T muß wegen Ladungsabhängigkeit der elektromagnetischen Wechselwirkung nicht erhalten bleiben. (Die Auswahlregeln für T gelten als Konsequenz der Ladungsunabhängigkeit der Kernkräfte.))

** Der O^{16}-Kern mit $J = 0^+$ und $T = 0$ erweist sich als ideal für die experimentelle Überprüfung der verschiedensten Auswahlregeln.

*** Das in Beschleunigern beschossene Material wird in Anlehnung an das betreffende englische Wort „Target" genannt.

angesetzt werden, wobei Γ die Gesamtniveaubreite ($\Gamma = \hbar \cdot \sum \lambda_i$) entsprechend der Zerfallswahrscheinlichkeit summiert über alle möglichen Kanäle, darstellt.

Der Energieverlust ξ in der Target soll folgendermaßen anschaulich dargestellt werden:

$$\xi = n \cdot t \cdot \varepsilon \tag{3}$$

n: Anzahl zerfallbare Kerne/cm³,
t: Targetdicke,
ε: Bremsquerschnitt in eV · cm².

Der Bremsquerschnitt ε kann entsprechend der Formel für den Energieverlust $-dE/dx$ auch folgendermaßen definiert werden:

$$\varepsilon = \frac{\text{Energieverlust pro cm}}{\text{Anzahl Atome pro cm}^3} = \frac{4\pi e^4 z^2}{m v^2} \cdot B, \tag{4}$$

dabei umfaßt B den logarithmischen Ausdruck

$$B = Z \cdot \ln \frac{2 m v^2}{I} \tag{5}$$

und wird oft „*stopping power*" genannt.

Die Ausbeute Y berechnet sich unter Verwendung der Gl. (1) und (2) zu *:

$$\begin{aligned} Y &= \frac{1}{\varepsilon} \int_{E-\xi}^{E} \cdot \sigma_{\text{Res}} \cdot \frac{\Gamma^2/4}{(E-E_R)^2 + \Gamma^2/4} \cdot dE \\ &= \frac{1}{\varepsilon} \cdot \sigma_{\text{Res}} \cdot \frac{\Gamma}{2} \left[\text{arc tg} \left(\frac{E-E_R}{\Gamma/2} \right) - \text{arc tg} \left(\frac{E-E_R-\xi}{\Gamma/2} \right) \right]. \end{aligned} \tag{6}$$

Für den Spezialfall der sog. „*dicken Target*", formuliert mit $\xi \gg \Gamma$ (alle einfallenden Teilchen werden in der aktiven Target gebremst), ergibt sich folgendes Resultat für Y:

$$Y = \frac{\sigma_{\text{Res}} \cdot \Gamma}{2 \varepsilon} \cdot \left[\frac{\pi}{2} + \text{arc tg} \frac{E-E_R}{\Gamma/2} \right]. \tag{7}$$

Der Maximalwert tritt an der Stelle $E = E_R + \xi/2$ auf

$$Y = \frac{1}{\varepsilon} \cdot \Gamma \cdot \sigma_{\text{Res}} \cdot \text{arc tg} \frac{\xi}{\Gamma} \tag{8}$$

wobei bei dicker Target

$$Y_{\max(\xi \to \infty)} = \frac{\pi}{2} \cdot \frac{\sigma_{\text{Res}} \cdot \Gamma}{\varepsilon} \tag{9}$$

wird.

---

* Im Prinzip $\int \frac{dx}{a^2 + x^2} = \frac{1}{a} \cdot \text{arc tg} \frac{x}{a}$.

Die Diskussion von Gl. (9) zeigt, daß die maximale Ausbeute bei dicker Target nur von σ_{Res} und Γ abhängt.

Alle Größen in Gl. (9) sind durch die Kernreaktion als sog. feste Daten gegeben.

Um möglichst viele Sekundärteilchen oder Quanten zu erzeugen, ist bei gleicher Reaktion allein die Anzahl der primären Teilchen maßgebend. Alle anderen Daten (Gl. 9) sind von der Natur der Kernreaktion und des angelaufenen Niveaus abhängig.

Bei „dicker Target" muß nach Gl. (7) (8) aus verständlichen Gründen die einfallende Teilchenenergie höher sein als die Resonanzenergie (siehe auch Abb. V.2.1.)

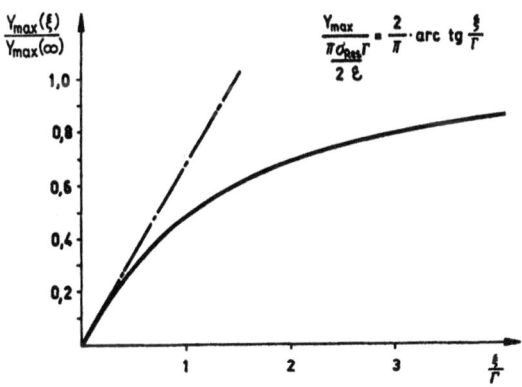

Abb. V.2.1. Diskussion: maximale Ausbeute und Verhältnis ξ/Γ (Energieverlust in der Target, gemessen in Γ Einheiten)

Bei vielen Messungen dürften die Ladungs-Effekte, die beim Abbremsen der beschleunigten primären Teilchen und bei der Re-Emission sekundärer Teilchen entstehen, nicht vernachlässigt werden.

Die Breit-Wigner-Formel nimmt die Form

$$\sigma = \pi \lambda^2 \cdot \frac{\omega \Gamma_1 \cdot \Gamma_2}{(E - E_R)^2 + \Gamma^2/4} \tag{10}$$

an, wobei $\omega = \dfrac{2J+1}{(2S+1)(2i+1)}$ der übliche statistische Faktor und Γ_1 und Γ_2 die Wahrscheinlichkeiten für die Reemission des einfallenden Teilchens und Γ_2 die Wahrscheinlichkeit für den Zerfall über einen bestimmten Kanal (Sekundärprozeß) bedeuten.

Die numerische Diskussion in Abb. V.2.1. zeigt eindrücklich, wie schnell eine sog. dünne Target (etwa bis zu ξ/Γ-Werten von 0,5—1), entsprechend etwa 10^{-4}—10^{-5} cm Schichtdicke bei den üblichen totalen Resonanzbreiten von 4—15 KeV als quasi-dick angesprochen werden muß.

Experimente mit dünner Target sind daher recht schwierig, da neben den eigentlichen Herstellungsschwierigkeiten auch das Problem der Verschmutzung der Target (Ölmoleküle aus Pumpen, sonstige Kontaminationen) dazukommt.

Eine eigentliche Aufdampftechnik in Hochvakuum schafft erst die Voraussetzungen.

Kühlfallen und deren Kühlung sowie einwandfreie Diffusionspumpen mit geringer Rückdiffusionsrate sind absolute Vorbedingungen.

Die letzte Frage nach der Haltbarkeit der Target hängt neben der thermischen Belastung eng mit dem letzten Fragenkomplex zusammen.

Benützt man eine sehr dünne Target (bezogen auf das Bremsvermögen der Protonen (10^{-5} cm), muß die Beschleunigungsspannung sehr genau und definiert einstellbar sein. Die Technik der Ausmessung von Anregungskurven (Ausbeute Y in Abhängigkeit der Einfallsenergie der primären Teilchen) ist eines der wichtigsten Instrumente der eigentlichen Kernspektroskopie.

Besonders bewährt dafür haben sich hochstabilisierte elektrostatische Beschleuniger *(Van de Graaff-Apparate)* und durch spezielle Schaltungsmaßnahmen hochgezüchtete Kaskadengeneratoren *(Cockcroft-Walton-Generator)*.

Bei Experimenten mit dicker Target spielt die Spannungskonstanz eine unbedeutende Rolle, wenn dafür gesorgt wird, daß die Einfallsenergie immer zwei bis drei Halbwertsbreiten (gemessen in KeV) über der Resonanzenergie liegt.

Daraus ergeben sich dann auch die apparativen Forderungen.

Während der *Van de Graaff-Generator* als elektrostatische Maschine immer Mühe hat, auf hohe Stromstärken zu kommen, bestehen in der *Kaskadenschaltung* in dieser Hinsicht keine Beschränkungen. (Über die technischen Vorkehrungen und Einzelheiten der beiden Apparatetypen orientiere man sich bei BALDINGER [2] und HERB [3].)

Ohne Überbewertung der Tatsachen darf angenommen werden, daß die Anregungs-Kernspektroskopie zu den bewährtesten kernphysikalischen Methoden gehört und auch beinahe im Übermaß mit Vorliebe von jenen Instituten gepflegt wird, die im Besitze irgend eines elektrostatischen Beschleunigers sind. Es ist müßig nachzutragen, daß auch die Theorie der Einfangs-Kernreaktionen im Sinne des Resonanzeinfanges bestens ausgearbeitet ist und besonders in der Zusammenstellung der beiden „LAUBENSTEINs" [4] am prägnantesten dargestellt ist.

V.3. Bremsstrahlungsspektren und ihre Anwendung in der Kernphysik

V.3.1. Bremsstrahlenspektren und der Begriff des integralen Wirkungsquerschnittes

Die Elektronenbeschleuniger wie *Betatron*, *Elektronen-Synchrotrons* und *Linear-Beschleuniger* haben sich teilweise auch über das Bremsstrahlungsspektrum als nützliche Instrumente der Kernphysik erwiesen.

Die beschleunigten Elektronen werden in einer sog. Antikathode gebremst und dabei entstehen γ-Quanten, die kontinuierlich von 0 bis zu der Grenzenergie E_0 verteilt sind.

Kreisbeschleuniger vom Typ der Betatrons liefern Grenzenergien bis zu 32 MeV und Elektronen-Synchrotrons sowie Linearbeschleuniger reichen über 100 MeV hinaus.

Mit der oberen Energielimite überschreitet man schon weit die Grenze der uns hier beschäftigenden nieder-energetischen Kernphysik.

SCHIFF [5] hat die Intensitätsverteilung der Betatronbremsstrahlung in Form von flächennormierten Spektren angegeben: (Darstellung für verschiedene Grenzenergien siehe ERDÖS et al. [6])

$$I(E, E_0) = \frac{f(E, E_0)}{\int_0^{E_0} f(E, E_0)\, dE}$$

$f(E, E_0) =$ Anzahl der pro cm², MeV und s einfallenden Photonen der Energie E, bei einer Grenzenergie des γ-Spektrums von E_0.

Analoge Dimensionen wie für $f(E, E_0)$ gelten für das flächennormierte Spektrum $I(E, E_0)$.

Um sich über die Form des Spektrums eine Vorstellung zu machen, ist in Abb. V.3.1. ein normiertes Bremsstrahlungsspektrum für die Grenzenergie 25 MeV eingezeichnet.

Beiläufig sei erwähnt, daß diese Bremsstrahlungsspektren auch für die Strahlungstherapie* bei Menschen und für biologische Untersuchungen** immer häufiger angewendet werden. Ebenso eröffnen

---

* Die Betatrontherapie hat gegenüber der herkömmlichen Röntgenbestrahlung den Vorteil, daß wegen der hohen Strahlenenergie die oberflächlichen Haut- und Gewebeteile weniger belastet werden und somit bei Tiefenbestrahlungen unliebsame Nebeneffekte beseitigt sind. Zusätzlich können bei modernen Maschinen die Elektronen ausgeblendet und direkt zur Therapie verwendet werden.
** Das Betatron darf als eine der wichtigsten Quellen für die Strahlungsbiologie bezeichnet werden.

die harten γ-Strahlen ein weites, neues Feld der Materialprüfkunde, insbesonders für die Kontrolle von dickwandigen Gußstücken.

In der Kernphysik untersucht man mit Hilfe dieser harten Quanten die verschiedensten Kernphotoeffekte. Harte γ-Quanten treten in Wechselwirkung mit den Kernen und dabei können 1 oder mehrere geladene und ungeladene Teilchen emittiert werden. Die prinzipiellen Vorstellungen über $(\gamma, n); (\gamma, p); (\gamma, d); (\gamma, t); (\gamma, \alpha)$-Prozesse sowie der Mehrteilchenreaktionen wie etwa $(\gamma, nn); (\gamma, pn)$ und andere mehr, verdanken ihre Entstehung im wesentlichen den experimentellen Arbeiten mit Bremsstrahlungsspektren.

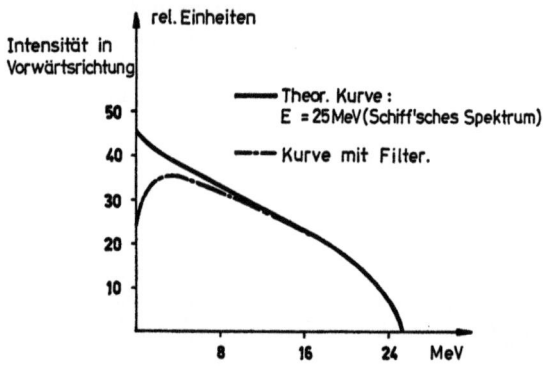

Abb. V.3.1. Bremsstrahlungsspektrum für Grenzenergie E_0: 25 MeV nach Schiff (ausgezogene Kurve) und mit Filter für weiche Komponenten (gestrichelt —·—)

Die experimentelle Technik mit einer Strahlungsquelle variabler Grenzenergie richtet sich in erster Linie nach der Erzeugermaschine und des weitern nach dem Untersuchungsgegenstand. Die eingesetzten Kreisbeschleuniger sind in der Regel gepulste Maschinen, so daß eine Synchronisation der Messung mit dem Elektronenimpuls notwendig wird. Dadurch wird der direkte Nachweis der durch den Kernphotoeffekt ausgelösten Partikel mit Hilfe von elektronischen Detektoren erschwert. Einzig die Kernphotoplatte macht hier eine Ausnahme.

Leider erzeugt die harte γ-Strahlung auch in der sog. Antikathode des Kreisbeschleunigers durch (γ, n) und andere Prozesse einen erheblichen schnellen Neutronenfluß, der sehr störend wirkt.

Aus den bisherigen Beschreibungen der üblichen Detektoren geht hervor, wie schwierig es ist, in einem störenden Untergrund von γ-Strahlen und Neutronen beispielsweise noch Protonen oder Alphateilchen oder sogar Neutronen als Reaktionsprodukte eines Kernphotoprozesses nachzuweisen.

Diese Schwierigkeiten können mit der bewährten Methode der Aktivitätsmessung bei gleichzeitiger Monitorreaktion am einfachsten umgangen werden. Die Aktivität der entstandenen radioaktiven Endprodukte wird gemessen. Damit beschränkt sich die Auswahl auf eine bestimmte Anzahl von Elementen, die eine geeignete Halbwertszeit und ein bekanntes Zerfallsschema aufweisen müssen. Die chemische Abtrennung der entstandenen Elemente schützt vor störenden Aktivitäten und gestattet die Herstellung von dünnen Schichten.

Aus der Aktivitätsmessung wird die Aktivität des Isotops zur Zeit $t = 0$, das heißt am Ende der Bestrahlung und bezogen auf unendlich lange Bestrahlungsdauer, berechnet:

$$A = \frac{\sum_{t_1}^{t_2} n \cdot \lambda}{(e^{-\lambda t_1} - e^{-\lambda t_2})(1 - e^{-\lambda t})}$$

t_1: Zeit bis Zählbeginn, gemessen vom Ende Bestrahlung an,
t_2: Zeit bis Zählende,
t: Bestrahlungsdauer,
λ: Zerfallskonstante,
$\sum_{t_1}^{t_2} n$: im Zeitintervall $(t_2 - t_1)$ gemessene Stoßzahl,

(Zur Methode siehe auch Abschnitt IV).

Diese Größe A, auch Ausbeute genannt, muß in bezug auf das Zerfallsschema, Rückstreuung, Absorption (Selbstabsorption + Zählrohrfenster), Raumwinkel und Vorkommen korrigiert werden.

Der korrigierte Wert werde mit Y bezeichnet.

Ein neuer Begriff, der des integrierten Wirkungsquerschnittes $\bar{\sigma}$ muß zwangsläufig eingeführt werden.

Der Wirkungsquerschnitt σ eines Kernphotoprozesses ist eine Funktion der Energie. Bestrahlt wird aber eine Probe mit einem kontinuierlichen Bremsstrahlungsspektrum, das von der Schwellenenergie der Kernreaktion* an bis zur Grenzenergie in der Lage ist, einen Kernphotoeffekt auszulösen.

Aus der Aktivierungsmessung resp. den korrigierten Ausbeuten Y wird auf den integrierten Wirkungsquerschnitt

$$\bar{\sigma} = \int_0^{E_0} \sigma(E) dE \qquad \text{(MeV barn)}$$

geschlossen. Damit $\bar{\sigma}$ eine aufschlußreiche Größe für die betreffende Reaktion darstellt, soll sie unabhängig von E_0 sein, das heißt $\sigma(E)$ soll für $E > E_0$ klein werden. Für Photoprozesse bedeutet diese

---

* Grenzenergie des Spektrums $\sim$ Q-Wert (Schwellenwert) der Kernreaktion.

Aussage, daß die sog. Riesenresonanz* in dem Energiebereich zwischen E_{Schwelle} und E_0 voll enthalten sein muß.

Kennt man von einer Monitorreaktion (beispielsweise $Cu^{63}(\gamma, n)$ Cu^{62}: $\bar{\sigma} = 0{,}55 \pm 0{,}003$ MeV barn oder $Cu^{65}(\gamma, n)Cu^{64}$: $\bar{\sigma} = 1 \pm \pm 0{,}1$ MeV barn), deren absolut gemessene Wirkungsquerschnitte $\bar{\sigma}_{\text{Monitor}}$, dann berechnet sich aus den korrigierten Ausbeuten Y_x und Y_{Monitor} der unbekannte integrierte Wirkungsquerschnitt $\bar{\sigma}_x$ zu:

$$\bar{\sigma}_x = \frac{Y_x(E_0)}{Y_{\text{Monitor}}(E_0)} \cdot \bar{\sigma}_{\text{Monitor}}.$$

Zwei Voraussetzungen müssen dabei erfüllt sein: die Riesenresonanzen für die Reaktionen sollen ungefähr an der gleichen Stelle liegen und innerhalb des Resonanzbereiches soll das Bremsstrahlungsspektrum konstant sein.

Wenn diese Voraussetzung nicht erfüllt ist, dann hilft eine zusätzliche Korrektur:

$$\bar{\sigma}_x = \bar{\sigma}_{\text{Monitor}} \cdot \frac{Y_x(E_0)}{Y_{\text{Monitor}}(E_0)} \cdot \frac{I_{\text{Monitor}}(E_{\max}, E_0)}{I_x(E_{\max}, E_0)}$$

$E_{\max}$: Energiewert für den maximalen Querschnitt der Reaktion, $I(E_{\max}, E_0)$: wird aus Betatron-Spektrum ermittelt.

Aus den integrierten Wirkungsquerschnitten können mit Hilfe der sog. Photon-Differenzmethode [6]** die differentiellen Wirkungsquerschnitte bestimmt werden.

---

* Die Absorption der harten γ-Quanten in Kernen erfolgt resonanzartig zwischen 17—19 MeV bei flachem Abfall des Querschnittes $\sigma(E)$ nach beiden Seiten. Dieses Gebiet der starken Dipol-Absorption der Strahlung im Kernfeld wird oft als die „Riesenresonanz" bezeichnet.

** In der Photon-Differenzenmethode wird das Integral $Y(E_0)$ in eine Summe zerlegt:

$$Y(E_0) = \Delta E \cdot \sum_{K=0}^{n-1} \sigma(E_K) \cdot I(E_K, E_0) \qquad \text{wobei} \qquad \Delta E = E_n/n$$

aus der Einteilung des Energieintervalls $0 - E_n$ in n gleiche Teile verstanden wird. (Schrittgröße der Bestrahlungsenergien E_0.) Die Differenz zweier Aktivitäten (Ausbeuten) mit den Grenzenergiewerten E_n und $E_n - \Delta E$ berechnet sich daher zu:

$$\Delta Y_{n-1} = Y(E_n) - Y(E_n - \Delta E)$$
$$= \Delta E \cdot \sum_{K=0}^{n-2} \sigma(E_K) \cdot [I(E_K, E_n) - I(E_K, E_{n-\Delta E})] + \Delta E \cdot \sigma(E_{n-1}) \cdot I(E_{n-1}, E_n)$$

oder $$\sigma_{n-1} = \Delta Y_{n-1} \cdot Q_{n-1} \sum_{K=0}^{n-2} \sigma_K \cdot b_{Kn}$$

wobei $$Q_{n-1} = \frac{1}{\Delta E \cdot I(E_{n-1}, E_n)} \quad \text{und} \quad b_{Kn} = \frac{I(E_K, E_n) - I(E_K, E_{n-\Delta E})}{I(E_{n-1}, E_n)}$$
bedeuten.
Diese Werte können aber aus der Darstellung des Schiff'schen Spektrums entnommen werden.

Die experimentelle Technik bedient sich einfach der Variation der Grenzenergie des Betatrons. Die Ausbeuten Y einer Substanz werden für verschiedene Grenzenergien gemessen und die integrierten Querschnitte in Funktion der variablen Grenzenergie aufgetragen. Differenziert man diese Kurve, erhält man sofort eine Darstellung des differentiellen Querschnittes σ in Abhängigkeit von E. Diese Größe $\sigma(E)$ interessiert den Kernphysiker in erster Linie und charakterisiert eine Reaktion. (Über Einzelheiten siehe[6])

Graphisch aufgetragen sehen beispielsweise die Resultate wie in Abb. V.3.2. aus:

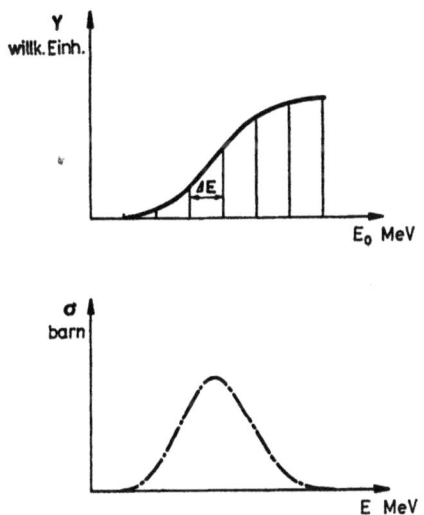

Abb. V.3.2. Illustration zu der Photon-Differenzenmethode. Aus der Aktivitätsmessung (Ausbeute) mit variabler Grenzenergie kann $\sigma(E)$ bestimmt werden

Selbstverständlich kann mit dieser Methode auch die Schwellenenergie eines Kernphotoprozesses bestimmt werden. Dieser Schwellenwert beansprucht wegen der möglichen Bestimmung der Q-Werte einer Reaktion (Bindungsenergien) ein aktuelles Interesse.

V.3.2. Das Prinzip des Betatrons als Beispiel eines gepulsten Elektronenbeschleunigers

Das ebenso große Interesse, das die Medizin, Biologie und technische Physik dem Betatron als Elektronenbeschleuniger und damit Bremsstrahlungsquelle entgegenbringen, bildet die eigentliche Legimitation für die Beschreibung des Betatronprinzips. Es stehen doch weit über 100 Exemplare in der ganzen Welt im Betrieb und eine noch weitere Verbreitung ist vorauszunehmen.

Der Physiker wird bei der nachfolgenden Beschreibung wertvolle Anhaltspunkte über das allgemeine Prinzip der Richtungsfokussierung auf dem Sollkreis im schwach inhomogenen Magnetfeld erhalten. In einem derart ausgebildeten Magnetfeld gelingt es, den Teilchenstrahl einigermaßen zusammenzuhalten; das heißt eine Richtungsfokussierung durchzuführen. Schon beim Einschuß der Teilchen in das Magnetfeld (Sollkreis) haben nicht alle Teilchen dieselbe Flugrichtung. Bei weiteren Zusammenstößen mit den Restgasmolekülen ändert sich jeweils die Richtung der Geschwindigkeit ein wenig, so daß sich ein Teilchenstrahl auf den sehr vielen Umläufen (bis zu 300 km Weg) im Magnetfeld verhältnismäßig stark zerstreuen und schließlich ganz auflösen würde.

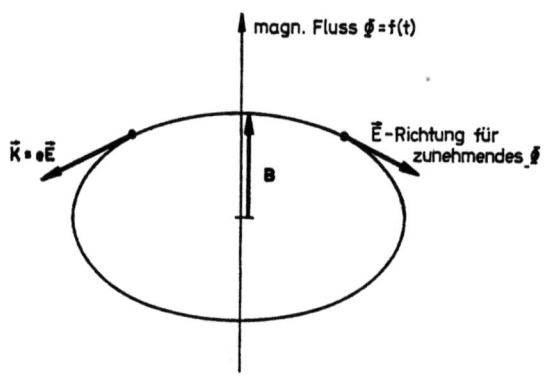

Abb. V.3.3. Prinzip des Betatrons

Im Betatron bewegen sich die Elektronen auf Kreisen in einem Magnetfeld B und werden gleichzeitig durch ein elektrisches Wirbelfeld beschleunigt, welches seinerseits durch zeitliche Änderung des Magnetfeldes erzeugt wird. Das Magnetfeld weist demnach eine doppelte Funktion auf. Als Führungsfeld rollt es die Bahnen der Teilchen im Kreise auf (Lorentz-Kraft) und trägt bei bestimmter Ausbildung (schwach abfallende radiale Komponente) zur Richtungsfokussierung um den sog. Sollkreis bei. Die zeitlich veränderliche Komponente induziert zudem das elektrische Wirbelfeld.

Im Betatron handelt es sich um eine rotationssymmetrische Anordnung; das Magnetfeld besitzt keine φ-Komponente. (Zylinderkoordinaten r, φ und z.) Dagegen sind eine starke B_z-Komponente und eine schwache B_r-Komponente vorhanden.

$$\text{Induktionsgesetz } \frac{d\Phi}{dt} = \oint E\,ds. \tag{1}$$

Nach einem vollständigen Umlauf des Elektrons wurde die Arbeit

$$\oint E e\, ds = e\, \frac{d\Phi}{dt} \qquad (2)$$

geleistet.
Die Energiezunahme pro Umlauf beträgt demnach $d\Phi/dt$.
Die Elektronen können durch das elektrische Induktionsfeld nur so lange beschleunigt werden, als die Flußänderung dasselbe Vorzeichen behält. ($1/2$ Periode im Maximum.) Daher ist das Betatron eine pulsierende Quelle.

Die auf das Elektron wirkende elektrische Kraft $K = eE$ kann auch folgendermaßen angeschrieben werden

$$eE = \frac{d(mv)}{dt}. \qquad (3)$$

Gl. 2 in 3 eingesetzt und das Linienintegral $\oint ds$ ausgeführt ergibt:

$$2\pi r \cdot \frac{d(mv)}{dt} = e \cdot \frac{d\Phi}{dt} \qquad (4)$$

oder

$$\boldsymbol{mv = \frac{e}{2\pi r} \cdot \left(\Phi - \Phi_0\right)} \quad \Phi_0\text{: Fluß bei } mv = 0. \qquad (5)$$

Die Energie hängt offenbar nur von der maximalen Flußdifferenz $\Phi - \Phi_0$ ab.

Ableitung der Flußbedingung (Konstruktionsvorschrift).

$$\frac{mv^2}{r} = Bev \quad \text{(Lorentzkraft)} \qquad (6)$$

$$mv = Ber \qquad (7)$$

Gl. 7 in 5 eingesetzt: $\quad Ber = \dfrac{e}{2\pi r}(\Phi - \Phi_0). \qquad (8)$

Die Anfangsbedingung: $\Phi_0 = 0$ bedeutet: $B = 0$. Somit wird der Startpunkt der Elektronen auf den Nulldurchgang der Erregung gesetzt. (Ausnützung einer $1/4$-Periode.)
Die Flußbedingung lautet:

$$2\pi r^2 B = \Phi. \qquad (9)$$

Das Hilfsfeld B geht proportional zu Φ; daher können B und Φ durch denselben Strom erzeugt werden.

Die Konstruktionsvorschrift für das Magnetfeld leitet sich für den Sollkreis an einem Beispiel ab: Das Feld innerhalb des Sollkreises sei homogen und werde mit B_1 bezeichnet.
Der umschlossene Fluß beträgt daher: $\pi r^2 \cdot B_1$.

In Gl. (9) eingesetzt:

$$2\pi r^2 \cdot B_s = B_1 \cdot \pi r^2 \tag{10}$$

$$\boldsymbol{B_{\text{Sollkreis}} = \frac{B_1}{2}}. \tag{11}$$

Die Induktion innerhalb des Sollkreises (Elektronenbahnen) ist im Mittel 2mal so groß als auf dem Sollkreis.

Energiebeziehung:

$$T = mc^2 - m_0 c^2 \tag{12}$$

$$m = \frac{m_0}{\sqrt{1 - \left(\frac{v}{c}\right)^2}} \tag{13}$$

$$\boldsymbol{T = \sqrt{(m_0 c^2)^2 + c^2 (mv)^2} - m_0 c^2}. \tag{14}$$

Zahlenbeispiel: Sollkreisradius: $r = 0{,}15$ m

$$\Phi - \Phi_0 = 0{,}05 \; V \cdot s$$

$$T \approx 15{,}5 \; MeV.$$

Die Grenzenergie kann beispielsweise nach folgendem Prinzip gemessen werden. Am Magnetjoch des Betatrons wird eine Meßspule angebracht, deren Windungen (n) konzentrisch zur Elektronenbahn in der Kreisröhre verlaufen. In dieser Spule wird eine Spannung V induziert, so daß folgende Beziehung angeschrieben werden kann:

$$\Phi_{(\tau)} = -\frac{1}{n} \int_0^\tau V_{(t)}\, dt \qquad \Phi_0 = 0.$$

Der magnetische Fluß Φ ist in diesem Fall nicht völlig identisch mit dem magnetischen Fluß Φ^*, der durch die Elektronenkreisbahn umschlossen wird (Eichung notwendig). Aber aus Gl. (5) und (14) ersieht man, daß ein eindeutiger Zusammenhang zwischen dem Zeitintegral oben und der maximalen kinetischen Spannung der Elektronen, somit der Grenzenergie, besteht.

Um die Richtungsfokussierung auf dem Sollkreis zu studieren, müssen die Differentialgleichungen in Zylinderkoordinaten (für den Sollkreis spezialisiert) angeschrieben werden.

$$m\ddot{z} + \dot{m}\dot{z} = -e r \dot{\varphi} \cdot B_r \tag{15}$$

$$m\ddot{r} - mr\dot{\varphi}^2 + \dot{m}\dot{r} = e r \dot{\varphi} \cdot B_z \tag{16}$$

$$m\dot{r}\dot{\varphi} + m\frac{d}{dt}(r\dot{\varphi}) + r\dot{\varphi}\dot{m} = e\dot{z}B_r - e\dot{r}B_z + e\vec{E}_\varphi. \tag{17}$$

Die Sollkreisbedingung lautet: $r = R$ und $z = 0$
B_z wird zu $B_{\text{Sollkreis}}$.

Es werden Bewegungen untersucht, die vom Sollkreis etwas abweichen (in erster Näherung)

$$r = R(1 + \varrho) \quad B_r = - B_{\text{Soll}} \cdot \frac{n \cdot z}{R} \quad \text{und} \quad B_z = B_{\text{Soll}} - B_{\text{Soll}} n \varrho. \quad (18)$$

ϱ und n sind kleine Größen und sollen einer ersten Näherung entsprechen.

Die Ansätze (18) in Gl. (15) und (16) eingesetzt, ergibt die beiden Differentialgleichungen:

$$m \ddot{z} + \dot{m} \dot{z} + \frac{e^2 B^2_{\text{Soll}}}{m} \cdot n z = 0 \quad (15\text{a})$$

$$m \ddot{\varrho} + \dot{m} \dot{\varrho} + \frac{e^2 B^2_{\text{Soll}}}{m} (1 - n) \cdot \varrho = 0. \quad (16\text{a})$$

Führt man noch die Sollkreis-Magnetfeld-Bedingung

$$e B_{\text{Soll}} = \frac{m \cdot v_{\text{Soll}}}{R^2} \quad (19)$$

ein, dann gehen (15a) und (16a) über in die anschauliche Form:

$$\ddot{z} + \frac{\dot{m}}{m} \cdot \dot{z} + \frac{v^2_{\text{Soll}}}{R^2} \cdot n z = 0 \quad (20)$$

$$\ddot{\varrho} + \frac{\dot{m}}{m} \cdot \dot{\varrho} + \frac{v^2_{\text{Soll}}}{R^2} (1 - n) \cdot \varrho = 0. \quad (21)$$

Die Lösung dieser Gleichungen (20) und (21) führt zu schwingungsähnlichen Bewegungen um den Sollkreis. Da v_{Soll} mit der Zeit zunimmt, wächst die Frequenz dieser Schwingung wie auch die Umlauffrequenz der Teilchen.

Gleichzeitig nimmt glücklicherweise die Amplitude wegen der Dämpfungsglieder $\dot{m} \frac{\dot{z}}{m}$ und $\dot{m} \frac{\dot{\varrho}}{\varrho}$ ab. Mit der Zunahme der Energie der Teilchen verbessert sich die Bündelung des Strahles in der Umgebung des Sollkreises. (Die Abnahme der axialen und radialen Betatron-Schwingungen mit zunehmendem Magnetfeld wird oft auch in der Fachliteratur mit „adiabatische Dämpfung" bezeichnet.)

Bezeichnet man etwa $\frac{v}{r_{\text{Soll}}}$ mit ω, dann kann die axiale Betatronschwingung mit

$$\omega_z = \omega \cdot \sqrt{n}$$

und die radiale Schwingung mit

$$\omega_r = \omega \cdot \sqrt{1 - n}$$

angegeben werden.

Dieses Prinzip der Richtungsfokussierung durch ein nach außen abnehmendes Magnetfeld gilt allgemein bei allen Kreisbeschleunigern und hat auch beim Zyklotron und seiner Weiterentwicklung die volle Bedeutung *.

Die Energiegrenzen des Betatrons liegen vorerst in der Flußbeschränkung. Um energetisch günstige Verhältnisse zu bekommen, wird fast immer auf Spulen mit Eisenkernen aufgebaut.

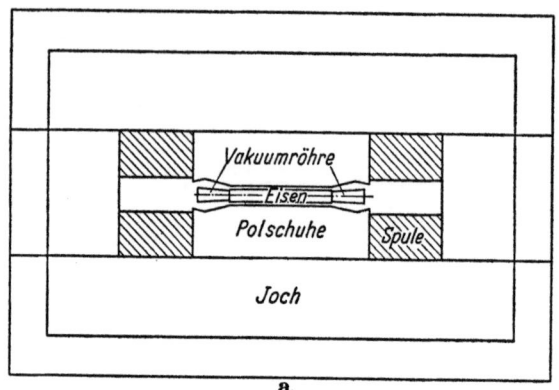

Abb. V.3.4. Konventioneller Betatronaufbau mit Luftspalt

Eine Anordnung mit magnetischer Auslenkung des Strahles zeigt Abb. V.3.5.

Eine weitere grundsätzliche Grenze bildet die Strahlungsdämpfung. Elektronen, die auf einer Kreisbahn umlaufen, senden Strahlung aus und verlieren damit an Energie. Beim Synchrotron (Kombination eines zeitlich anwachsenden Magnetfeldes mit der Beschleunigung durch hochfrequente Wechselspannung) erlaubt die Eigenschaft der Phasenstabilität eine Kompensation dieser Energieverluste innerhalb gewisser Grenzen.

Es ist durchaus möglich, die Elektronen gebündelt aus dem Beschleunigungsring herauszubekommen. In der Regel wird man zusätzliche Fokussierungseinrichtungen einsetzen müssen.

Damit eröffnen sich ganz neue Wege der medizinischen Strahlentherapie.

Es bleibt noch zu bemerken, daß die beiden anderen bekannten Möglichkeiten, Elektronen zu hohen Energien zu beschleunigen,

---

* Die Richtungsfokussierung, auch „schwache Fokussierung" mit Hilfe schwach inhomogener Magnetfelder wird beim „Protonen-Synchroton" durch die starke Fokussierung abgelöst, deren Idee darin besteht, den Strahl nacheinander und abwechselnd in radialer bzw. axialer Richtung stark zu fokussieren, indem man den ringförmigen Magneten in eine Anzahl gleicher „Feldperioden" einteilt, welche im Prinzip wiederum aus je einem Sektor mit hohem positiven und hohem negativen Feldindex n bestehen.

nämlich der Linearbeschleuniger und das Elektron-Synchrotron weit höhere Energiebereiche als das Betatron (bis 1,5 BeV) überstreichen und demzufolge Instrumente der „Hochenergie-Physik" darstellen. Der Aufwand ist auch entsprechend groß. Eine umfangreiche Beschreibung findet man im Hdb. der Physik [7].

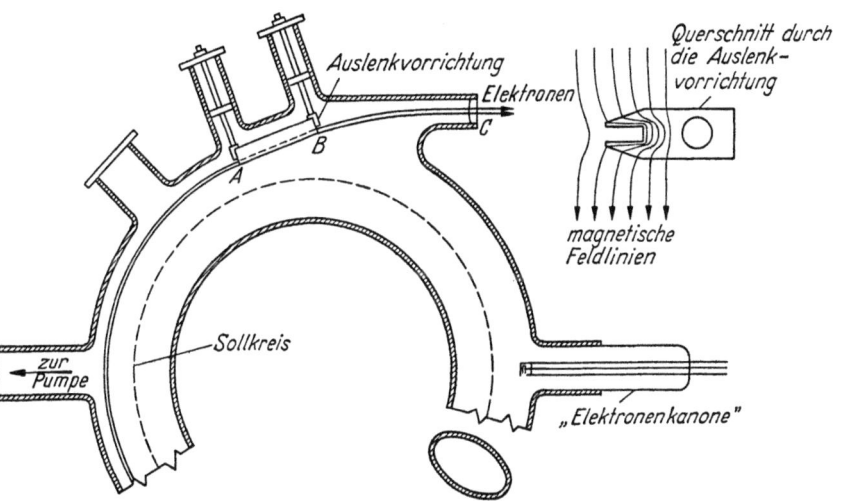

Abb. V.3.5. Strahlablenkung mit magnetischer Hilfseinrichtung. (Man beachte die Elektronen-Einschuß-Kanone)

Der physikalische Inhalt der Ansätze in dem Gleichungssystem (18) läßt sich anschaulich interpretieren, wenn das Betatronfeld in der Umgebung des Sollkreises in erster Näherung durch eine lineare Abhängigkeit von der Form:

$$B(R) = \left(1 - n \cdot \frac{\Delta R}{R_{\text{Soll}}}\right) \cdot B_{(R_{\text{Soll}})} \quad \text{mit} \quad 0 < n < 1 \quad (22)$$

dargestellt wird. Die Größe der in radialer Richtung rücktreibenden Kraft ist gegeben durch die Differenz aus Zentrifugal- und Lorentzkraft

$$K_r = \frac{m v^2}{R} - e v B \quad (23)$$

und unter Berücksichtigung von Gl. (22):

$$\begin{aligned} K_{\text{Rück}} &= \frac{m v^2}{R_{\text{Soll}}} \left(1 - \frac{\Delta R}{R_{\text{Soll}}}\right) - e v B_{(R_{\text{Soll}})} \left(1 - n \frac{\Delta R}{R_{\text{Soll}}}\right) \\ &= - K_0 \cdot \frac{\Delta R}{R_{\text{Soll}}} (1 - n). \end{aligned} \quad (24)$$

Die rücktreibende Kraft ist für positive ΔR vorhanden, wenn $n < 1$ ist. (Auch im Spezialfall $n = 0$ findet radiale Richtungsfokussierung statt.) Damit in der axialen Richtung rücktreibende Kräfte auf ein Elektron ausgeübt werden, welches nach oben oder unten aus der Bahnebene abgewichen ist, genügt es, daß die Kraftflußdichte mit größer werdendem Radius abnimmt, was immer automatisch der Fall ist.

Literatur

[1] AJZENBERG, F., u. T. LAURITSEN: Rev. of Mod. Physics **27**, 1, 77 (1955) und Fortsetzungen.
[2] BALDINGER, E.: Hdb. der Physik **44**, 1. Berlin-Göttingen-Heidelberg: Springer 1959.
[3] HERB, R. G.: Hdb. der Physik **44**, 64. Berlin-Göttingen-Heidelberg: Springer 1959.
[4] LAUBENSTEIN und LAUBENSTEIN: Phys. Rev. **84**, 18 (1951).
[5] SCHIFF, L. I.: Phys. Rev. **70**, 87 (1946).
[6] ERDÖS, P., P. SCHERRER u. P. STOLL: Helv. Phys. Acta **30**, 639 (1958).
[7] Hdb. der Physik **44**, 170 (1959): R. R. WILSON: Electron Synchrotrons; ibid. **44**, 347 (1959): L. SMITH: Linear Accelerators.

VI. Magnetische und elektrische Felder als Hilfsmittel für die Teilchenfokussierung und Trennung

VI.1. Linsenwirkung magnetischer und elektrischer Sektorenfelder

VI.1.1. Einleitung

Sämtliche Beschleuniger bestehen im Prinzip aus einer sinnreichen Kombination von elektrischen und magnetischen Feldern, die aus verständlichen Gründen nur teilweise (siehe Betatron Abschnitt V) diskutiert werden können.

Die Linsenwirkung magnetischer und elektrischer Sektorenfelder benutzt man nicht nur für die Teilchenführung und Fokussierung im Beschleuniger selbst, vielmehr muß der ausgeblendete austretende Strahl geladener Teilchen derart geführt werden, daß alle experimentellen Wünsche des Experimentators erfüllt werden. Diese können je nach Versuch sehr mannigfaltig sein. Bei den in Abschnitt IV beschriebenen Anregungsexperimenten wünschte man beispielsweise einen gut fokussierten Teilchenstrahl monochromatischer Energie. In einem anderen Fall möchte man Teilchen verschiedener Massen und besonders Ladung auseinanderhalten, um sicher zu sein, daß nur eine Sorte von Teilchen an der Kernanregung beteiligt ist. Jede Ionenquelle liefert leider nicht nur einfach ionisierte Teilchen gleicher Masse, vielmehr unterscheidet man im Strahl Atom- und Molekül-Ionen. Neben den verschiedenen Ladungszahlen sind häufig verschiedene Massen zu beobachten. Das Verhältnis der unerwünschten Molekülionen zu Atomionen wird oft als das Gütemaß einer Ionenquelle neben der Stromausbeute oder dem Wirkungsgrad eingeführt. Bei Kreisbeschleunigern wirkt der Beschleuniger selbst selektiv durch seine Phasen- und Fokussierbedingungen. Die Beschleuniger mit konventionellem Stufen-Strahlrohr wie Kaskaden- oder Cockcroft-Walton-Generator und die bekannte Van de Graaff-Maschine (elektrostatischer Beschleuniger) würden ohne magnetische oder kombiniert magnetisch-elektrische Selektion ein ganzes Teilchenspektrum auf die Target bringen. (Alle Teilchen durchlaufen dasselbe Potentialfeld.)

Es ist daher unumgänglich, die erwähnten Beschleuniger-Apparaturen zumindestens mit magnetischen Strahlablenkfeldern auszurüsten. (Gilt besonders bei der Beschleunigung von Deuteronen.)

Dazu gesellt sich ein rein praktischer Grund. Bei kleinen Maschinen möchte man die Target, für alle Handgriffe bequem, in Brusthöhe über dem Boden bei horizontalem Strahlengang aufgestellt wissen. Bei größeren Beschleunigern muß sogar die Möglichkeit bestehen, daß der Strahl in verschiedene Meßzellen oder Laboratorien geführt werden kann, damit die Maschine voll ausgelastet wird. Erfahrungsgemäß erfolgt nach einer Meßphase bei jedem kernphysikalischen Experiment eine Auswertephase, wenn nicht simultan bei der Messung durch den Einsatz eines Computers die Auswertung laufend erfolgt. Paradoxerweise besteht eines der größten Probleme der experimentellen Hochenergiephysik darin, die aus Detektoren und Meßkammern (Blasenkammer, Funkenkammer, photographische Platte) erhaltenen Informationen bei der Durchführung der Experimente fristgerecht auszuwerten, um einen durchgehenden Einsatz des Beschleunigers zu garantieren.

Auch die niederenergetische Kernphysik bedient sich der Spektrometer, die aus magnetischen und elektrischen Felder-Kombinationen zusammengesetzt sind. Die Vielfalt der Instrumente ist derart groß, daß nach der Funktion kaum eine Einteilung im Rahmen dieser Zusammenfassung zu machen ist. Nach dem Einsatzzweck kann man grob etwa in α-, β- und γ-Spektrometer unterteilen, wobei zum Ausdruck kommen soll, daß eine Spezialisierung nach gewissen Gesichtspunkten erfolgte. Einsatzmäßig dürften diese Instrumente am meisten auf dem Forschungsgebiet der Niveaustruktur der radioaktiven Zerfallsschemen vorhanden sein.

Eine Einteilung nach den benutzten Auslöseeffekten wie Compton oder Paarspektrometer ist ebenso gebräuchlich wie nach der Ausbildung der Felder und Teilchenbahnen (Trochoiden-Spektrometer, Halbkreis-Spektrometer und andere mehr).

Die Beschränkung auf die Eigenschaften magnetischer und elektrischer Sektorenfelder kann damit begründet werden, daß diese Technik zu einem Standard der experimentellen Physik geworden ist.

Zudem stellt abseits von der Kernphysik die Kombination von Sektorfeldern das Grundprinzip der Massenspektroskopie dar. Es ist möglich, durch eine geeignete Kombination eines elektrischen und eines magnetischen Sektorenfeldes Ionen einheitlicher Masse, aber verschiedener Energie nach dem Durchlaufen in einen Punkt zu fokussieren.*

VI.1.2. Wirkung von magnetischen und elektrischen Feldern

Im Magnetfeld ergibt sich aus dem Gleichgewicht der Lorentzkraft und der Zentrifugalkraft die Bahnradius-Beziehung zu

$$r_m = \frac{mv}{eB} = \frac{1}{B} \cdot \sqrt{\frac{2mU}{e}}. \tag{1}$$

Im elektrischen Feld kann bei richtiger Einstellung der Ablenkspannung erreicht werden, daß die Ionen der Energie $\frac{1}{2} mv^2 = eU$ auf einer kreisförmigen Äquipotentialkurve laufen. Es ist dann der Fall, wenn die elektrische Kraft entgegengesetzt gleich der Zentrifugalkraft mv^2/r_e ist:

$$r_e = \frac{2U}{E}. \qquad \text{U: Beschleunigungsspannung, die die Ionen durchlaufen haben.} \tag{2}$$

Bei konstanten Feldgrößen B und E erhält man durch logarithmisches Differenzieren

$$\frac{\Delta r_m}{r_m} = \frac{1}{2} \frac{\Delta m}{m} + \frac{1}{2} \frac{\Delta U}{U} \tag{3}$$

und

$$\frac{\Delta r_e}{r_e} = \frac{\Delta U}{U}. \tag{4}$$

Qualitativ erkennt man, daß das Magnetfeld eine dispergierende (Prismenwirkung) — Wirkung sowohl hinsichtlich der Masse als auch der Energie hat, das elektrische Feld dagegen nur hinsichtlich der Energie der Ionen.

Mit einem elektrischen Sektorfeld kann nur ein Energiefilter bzw. Energiespektrometer gebaut werden (Monochromator bei Anregungs-Experimenten).

---

* Eine Doppelfokussierung für alle Massen gleichzeitig, und zwar auf einer geraden Photoplatte, ist beispielsweise beim Massenspektrometer nach MATTAUCH und HERZOG möglich.

VI.1.3. Linsengleichung des elektrischen Sektorfeldes

Aus der Abb. VI.1.1. ist ersichtlich, daß die Ionen, die in Richtung der positiven Kondensatorplatte in das Feld eingeschossen werden, gegen das elektrische Feld anlaufen müssen. Sie werden daher langsamer und ihre Bahn wird umso stärker gekrümmt, je mehr sie sich der positiven Platte nähern. Es erfolgt daher eine Richtungsfokussierung in einem Punkt $0'$, welcher näher an der Austrittsgrenze des elektrischen Feldes liegt als im Fall eines magnetischen Sektorfeldes gleicher Abmessungen.

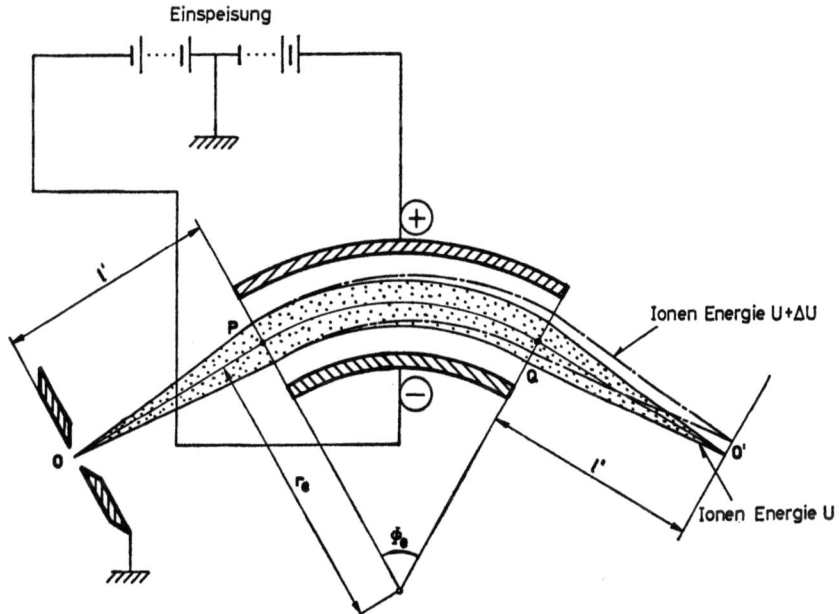

Abb. VI.1.1. Abbildung durch ein elektrisches Sektorfeld

Die Linsengleichungen lauten:

$$(l' - g_e)(l'' - g_e) = f_e^2. \tag{5}$$

g_e: Brennpunktabstand
f_e: Brennweite

$$f_e = \frac{r_e}{\sqrt{2} \sin \sqrt{2}\, \Phi_e} \quad \text{und} \quad g_e = \frac{r_e}{\sqrt{2}} \cdot \cotg \cdot \sqrt{2} \cdot \Phi_e$$

(übrige Bezeichnungen siehe Abb. VI.1.1).

Der Mittelstrahl des Bündels mit der Energie eU verläuft bei richtiger Wahl der Ablenkspannung auf einer Äquipotentialfläche.

VI.1.4. Linsengleichung des magnetischen Sektorfeldes

Im Beispiel Abb. VI.1.2 wird ein leicht divergierendes Ionenbündel (Öffnungswinkel α) homogener Energie eingeschossen.

Bei 0 denkt man sich einen feinen, senkrechten Spalt. Damit ist nun die Bündeldivergenz senkrecht zur Richtung der magnetischen Feldlinien zu berücksichtigen.

Punkt H wird in Analogie zur Bezeichnungsweise bei optischen Linsen Hauptpunkt genannt und der Abstand OH Brennweite f_m.

Brennweite f_m und Brennpunktabstand g_m ergeben sich aus der geometrischen Betrachtung der Dreiecke OKH resp. OPM

$$f_m = \frac{r_m}{\sin \gamma}; \quad g_m = r_m \cdot \cotg \gamma. \tag{6}$$

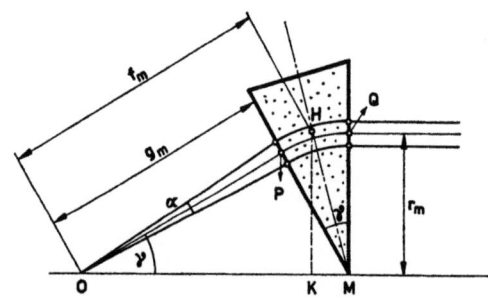

Abb. VI.1.2. Magnetische Sektorfeldlinse. (Im ionenoptischen Fall handelt es sich um eine Zylinderlinse; von der Divergenz der Ionenbewegung in der Richtung senkrecht zur Papierebene wird abgesehen.)

Das Zustandekommen einer Abbildung mit Hilfe eines Sektorfeldes mit dem Ablenkwinkel ϑ wird durch das Hintereinanderschalten zweier Sektoren wie in Abb. VI.1.2 beschrieben, klar. Man

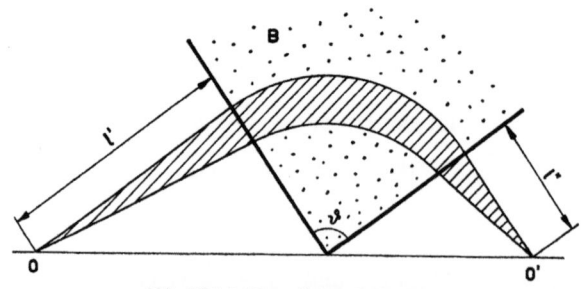

Abb. VI.1.3. Magnetisches Sektorfeld

kann sich einfach überlegen, daß dann die Linsengleichung für das ϑ-Feld

$$(l' - g_m)(l'' - g_m) = f_m^2 \tag{7}$$

mit

$$f_m = \frac{r_m}{\sin \vartheta} \quad \text{und} \quad g_m = r_m \cdot \cotg \vartheta$$

beträgt.

Sehr oft werden 60°-Sektorfelder eingesetzt, da sie bedeutend billiger als 180°- und 90°-Spektrometer sind.

Über die Fragen der Dispersion von Ionen verschiedener Bahnradien r_m und $r_m + \Delta r_m$ sowie über das Massenauflösungsvermögen eines magnetischen Sektorfeldes existiert eine umfangreiche Literatur zum Teil auch in Zusammenfassungen [1, 2]. Das größte Interesse an der Genauigkeit und am Auflösungsvermögen bekundet die Massenspektroskopie.

Für die Strahlführung in großen Beschleunigern und außerhalb nach der Strahlentnahme werden fast ausschließlich elektrische und magnetische Quadrupollinsen benützt, deren Polarität sich periodisch längs der Achse ändert. Darüber findet man im Handbuch der Physik 44 Auskunft.

Die Kombination der Felder zu Apparaten mit speziellen Eigenschaften und in Kombination mit verschiedenen Detektoren lassen sich praktisch alle denkbaren Meßprobleme der experimentellen Kernphysik lösen. Die Vielfalt der Elemente erschwert eine Übersicht; aber die Grundlagen sind stets dieselben.

In dieser Kombinatorik und effektvollen Zusammensetzung der kombinierten Apparate liegt gerade einer der schöpferischen Aspekte der experimentellen Kernphysik.

Ob man sich mit dem Aufbau der Kerne im Sinne der niederenergetischen Physik oder mit Hochenergiephysik im Sinne der Elementarteilchen-Forschung beschäftigt, so wird das Streben nach zusammengesetzten Detektoren und Spektrometern mit höherem Auflösungsvermögen und Lichtstärke stetig weitergehen. Wie schnell hier eine Entwicklung aktuell werden kann, zeigt das Beispiel der Quadrupollinsen.

Literatur

[1] Evald u. Hintenberger: Methoden und Anwendungen der Massenspektroskopie. Weinheim: Verlag Chemie 1953.
[2] Brunnée, C., u. H. Voshage: Massenspektrometrie. München: Karl Thiening KG 1963.

Sachverzeichnis

Abschneidekonstante 62
1/v-Absorber 142
Absorptionskoeffizient, totaler 3, 12
Absorptionsquerschnitt 16
Aktivitätsmessung 146, 161
Aktivierungsquerschnitt 147
Akzeptoren 106
Ankopplung des Multipliers 95
Anstiegszeit 73
Antikoinzidenz 131
Atom-Ionen 171
Auflösungsvermögen, energetisches 83
Ausbeute 155, 157
Austrittsarbeit 56

B^{10}-Ionisations-Kammer 47
Betatron 159
Betatronschwingung, axiale 167
—, radiale 167
Beweglichkeit von Elektronen 28
— von Ionen 27
BF_3-Zähler 50
Blasenkammer 125
Breit-Wigner-Formel 143, 155
Bremsformel 22
Bremsquerschnitt 155
Bremsstrahlung 159
Bremsvermögen 145

Cd-Ratio 145
Cerenkov-Strahlung 100
Cerenkov-Zähler 98
—, fokussierender 102
Cockcroft-Walton-Generator 158
CsJ(Tl*)-Kristall 94
Curie-Einheit 2

Dämpfung, adiabatische 167
Dead-time 57
Delay-line 134
δ-Strahl 122
Donatoren 106
Doppelfokussierung 172
Dosimetrie 1
Dosisleistung 6, 7, 9

Einfangs-Resonanz-Reaktion 151
Einheitssprungfunktion 63

Elektronenlawine 55
Elektronen-Synchroton 159
Elektroskop, Quarzfaden- 46
Endwerttheorem 66
Energieauflösung von Detektoren 104
Energiestrom 1
Energieverlust in Target 155
Erholungszeit 57
Exzitationsfunktion 65

Fading-Effekt 121
Fehlerimpuls 133
Feldverteilung, radiale 51
Fission-Kammer 50
Flußbedingungen beim Betatron 165
Fokussierung, starke 168
Frisch-Gitter 39
Führungsfeld 164

Gammastrahlung monochromatische 153
Gasverstärkung 42
Geiger-Müller-Rohr 41, 54, 58, 59
Geometrie, gute 12
—, schlechte 15
Gitterdefekte 112
Grenzenergie 163
Grenzfrequenz 137
Grenzschicht-Detektor 103
Grenzschicht-Zähler 107

Halbleiter-Detektor 103
Hammer-track 124

Impulsform 43
Impulskontrolle 118
Integriernetzwerk 96
Intensität 1
Ionisationseffekte, sekundäre 25
Ionisationskammer 32, 43, 46
—, homogene 46
—, integriert messende 43
—, schnelle 48
—, zylindrische 49

Kammerflüssigkeiten 126
Kathodenfolger 56

Sachverzeichnis

Kernemulsion 114
Kernphotoeffekt 160, 161, 163
Kernphotoplatte 112
Koinzidenz, schnelle 132
—, verzögerte 131
Koinzidenz-Experiment 42
Koinzidenz-Methoden 130
Koinzidenz-Verstärker 137
Koinzidenzen, verzögerte 141
Korndichte 117, 122

Ladungsgegenkopplung 110
Ladungsschwerpunkt 41
Laplace-Transformation 63, 64, 65
Linear-Beschleuniger 159
Lithiumjodid-Kristall 93
L-Kompensation 71, 74
Long counter 50
Lorentzkraft 165
Löscheffekt (G.M.-Rohr) 55
Löschgas 56

Massenauflösungsvermögen 175
Massenbestimmung 121
Maxwellverteilung 144
Mehrfachdifferentiation 69
Mengeneinheit, radioaktive 2
Molekül-Ionen 172

NaJ(Tl*)-Kristall 81
„Neutronen"-Beschleuniger 9, 18
Neutronendetektor 92
Neutronendichte 144
Neutronenfluß 142
Neutronenreaktion 152
Neutronen-Spektrometer 140

0-0-Übergänge 154

Parallel-Platten-Kammer 36, 39
Phasenstabilität 168
Photoelektron 53
Photokoeffizient 90
Photomultiplier 79, 80
Photon-Differenzmethode 162
Plateau 58
P-N-Detektor 105
Polarimeter 139
Prädissoziationswirkung 56
Propan-Kammer 127
Proportionalrohr 41, 43, 52

Quantenstrom 1
Q-Wert 161

rad (röntgen-absorbed dose) 6
RBW-Faktor 6

Recovery-time 57
Reichweite einer Spur 116
Reichweite-Energie-Kurven 24, 115
Rekombination 31, 43
Relaxationslängen 17
rem (röntgen-equivalent man) 6
Resonanzneutron 143
Richtungsfokussierung 166
„Riesenresonanz" 162
Röntgen-Einheit 3, 5
Rückstoßverteilung 91

Sagitta-Methode 123
Sättigungsaktivität 147
Sättigungsausbeute 148
Schrumpfung 116
Schutzring, elektrostatischer 49
Schwellen-Reaktion 149
Sektorfeld 172, 173, 175
—, magnetisches 174
Si-Diffusionsdetektor 111
Slowing-down-Spektrum 145
Sollkreis 166
Sollkreisbedingungen 166
Spektrum, Schiffsches 162
Stellen, sensible 113
Stirnzählrohr 60
Stopping Power 156
Stoßionisation
Strahlungsdämpfung 168
Streukonstante 123
Stromintegration 70
Systemsfunktion 65
Szintillationszähler 78, 79, 80—82
Szintillatoren, organische 86
—, anorganische 87, 88

Target, dicke 156
—, dünne 157
Temperatur-Zyklus-Methode 120
Theorem, Greensches 34
Toleranzdosis 11
Toleranzströme 12
Totzeit 57
Townsend-Koeffizient 53
Transferfunktion 135
Tritium-Target 9

Umladungseffekte 55

Van de Graaff-Generator 158
Verstärkungsfaktor 53
Verzögerungsleitungen 76
Verzögerungszeit 73
Vielfach-Streuung 123

Winkelkorrelations-Experiment 138
Wirkungsquerschnitt, integrierter 161

Zerfallskonstante 147
Zerfallsschema, Co^{60} 8
Zwischenelektrode 49

Druck: Konrad Triltsch, Graphischer Großbetrieb, Würzburg

MIX
Papier aus verantwortungsvollen Quellen
Paper from responsible sources
FSC® C105338

If you have any concerns about our products,
you can contact us on
ProductSafety@springernature.com

In case Publisher is established outside the EU,
the EU authorized representative is:
**Springer Nature Customer Service Center GmbH
Europaplatz 3, 69115 Heidelberg, Germany**

Printed by Libri Plureos GmbH
in Hamburg, Germany